Enhanced Dewatering Technology
of Municipal Sludge

城市污泥
强化脱水技术

冯国红　著

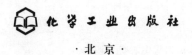
化学工业出版社

·北京·

本书紧密围绕"污泥强化脱水理论与技术"这一科学目标，系统开展了基于末端处理处置的技术研发与应用工作。本书主要内容包括概述、污泥脱水预处理技术、污泥物性测试方法、絮凝剂单独调理强化污泥脱水技术、絮凝剂复合调理强化污泥脱水技术、热水解预处理强化污泥脱水技术、热水解污泥的流动行为、污泥资源化利用、总结与展望。

本书具有较强的技术性和针对性，为污泥脱水减量化工艺设计奠定了理论技术，提供了技术支撑，对解决污泥的脱水问题具有重要的理论意义和应用价值。可为污水处理厂的工艺设计提供依据和参考，也可供从事水处理、环境科学与工程等相关领域的技术人员和研究人员以及高等学校相关专业的师生参阅。

图书在版编目（CIP）数据

城市污泥强化脱水技术 / 冯国红著. —北京：化学工业出版社，2019.12
ISBN 978-7-122-35864-6

Ⅰ.①城… Ⅱ.①冯… Ⅲ.①城市-污泥脱水-研究
Ⅳ.①X703

中国版本图书馆 CIP 数据核字（2019）第 287060 号

责任编辑：刘兴春　刘兰妹　　　　　　　　　　　装帧设计：史利平
责任校对：宋　夏

出版发行：化学工业出版社（北京市东城区青年湖南街 13 号　邮政编码 100011）
印　　装：三河市延风印装有限公司
710mm×1000mm　1/16　印张 14　字数 226 千字　2019 年 12 月北京第 1 版第 1 次印刷

购书咨询：010-64518888　　售后服务：010-64518899
网　　址：http://www.cip.com.cn
凡购买本书，如有缺损质量问题，本社销售中心负责调换。

定　　价：86.00 元

前 言

——

　　污水污泥是城市和工业污水处理厂的主要副产物，近几十年来，随着城市化进程的加快，污泥的产量急剧增加，带来了日益严重的环境污染问题。由于污泥中含有大量的细菌、微生物、无机粒子以及大量的结合水，其特殊本质决定了污泥很难脱水，脱水后滤饼的固含量仅为 20% 左右。然而我国关于污泥不同处置方式的标准均要求污泥脱水后滤饼固相质量含量大于 40%，因此脱水成为污泥处理处置过程中的主要瓶颈。基于环保与经济并重的理念，如何最大限度地提高污泥的处理能力、降低滤饼含水率以满足污泥后续的处理处置要求是目前亟待解决的问题，也是编写本书的主要目的。

　　在众多的污泥预处理技术中，化学絮凝调理以其辅助设备成本低、操作简单等优点一直备受各个污水处理厂的青睐。热水解是污泥破壁处理的主要方法，近年来也得到了广泛关注，其研究焦点在于如何利用热水解技术提高污泥的厌氧消化性能、获取反硝化碳源以及如何利用热水解进一步对污泥进行脱水减量处理。

　　为了解决污泥脱水困难问题，笔者将自己十余年在污泥脱水方面取得的科研成果进行总结，紧密围绕"污泥强化脱水理论与技术"这一科学目标，系统开展了基于末端处理处置的技术研发与应用工作，针对化学絮凝预处理及热水解预处理改善污泥脱水理论展开了大量新颖、详细的论述，并介绍了不同预处理方式下污泥的物理化学特性。本书主要内容包括：概述；污泥脱水预处理技术；污泥物性测试方法；絮凝剂单独调理强化污泥脱水技术；絮凝剂复合调理强化污泥脱水技术；热水解预处理强化污泥脱水技术；热水解污泥的流动行为；污泥资源化利用；总结与展望。

　　本书具有较强的技术性和针对性，为污泥脱水减量化工艺设计奠定了理论基础，提供了技术支撑，对解决污泥的脱水问题具有重要的理论意义和应用价值。可为污水处理厂的工艺设计提供依据和参考，也可供从事水处理、环境科学与工程等相关领域的技术人员和研究人员以及高等学校相关专业的师生参阅。

本书部分研究成果是在国家青年基金（21606157）、山西省青年基金（20152014）、太原科技大学博士启动基金（20151024）的支持下完成的，在此表示衷心感谢。同时，笔者在研究和撰写本书过程中引用了部分相关期刊文献、专著和资料，在此对上述作品的作者表示感谢。

限于著者的知识水平和时间，不妥和疏漏之处在所难免，敬请读者批评指正。

著者

2019 年 8 月于太原

目 录

第 3 章　污泥物性测试方法　　　77

第 6 章　热水解预处理强化污泥脱水技术　　143

第 9 章　总结与展望　　211

第1章

概　述

▶▶▶▶

污水污泥（简称污泥）是城市和工业污水处理厂的主要副产物，近几十年来，随着城市化进程的加快，废水的排放量急剧增加，带来了日益严重的环境污染问题[1]。1991 年，我国城市干污泥产量约 8.9×10^5 t，2003 年约 2.96×10^6 t，2007 年约 3.88×10^6 t[2,3]。截至 2011 年 4 月我国已投入运行的城镇污水处理厂 2739 座，总设计处理能力 1.25×10^8 m³/d，平均处理水量为 9.6×10^7 m³/d。按照污泥产量约为污水处理量的 $0.3\% \sim 0.5\%$ 计算，我国的污泥年产量已达到 1.75×10^8 t（以含水率为 97% 计），干污泥产量 5.32×10^6 t[4]。据前瞻产业研究院发布的《中国污泥处理处置深度调研与投资战略规划分析报告》统计数据显示，预计 2019 年我国污泥总产生量将达到 6.325×10^7 t，2020 年我国污泥产生量将超 7.0×10^7 t。2021 年我国污泥产量将突破 8.0×10^7 t。未来五年（2019～2023 年）年均复合增长率约为 11.49%，并预测在 2023 年我国污泥产生量将达到 9.772×10^7 t，给环境带来日益严重的污染，尤其是对土壤平衡系统的破坏以及地下水体的污染。

1.1　污泥分类

污泥是指在废水和净水处理过程中产生的固态、半固态废物，是由各种有机微生物以及无机颗粒组成的絮状胶体悬浮液，其来源和形成过程极其复杂。污泥的成分、性质主要取决于处理水的成分、性质和处理工艺。

污泥按照不同的分类标准可以分为以下几类。

（1）按照来源特征

按照污水的来源特征可以将污泥分为生活污水处理厂污泥、工业废水污泥和净水厂污泥。

（2）按照处理方法和分离过程

按照处理方法和分离过程，污泥可分为沉淀污泥（包括物理沉淀污泥、混凝沉淀污泥和化学沉淀污泥）及生物处理污泥，生物处理污泥指在城市污水处理厂二级处理过程中产生的污泥，包括活性污泥法产生的剩余污泥和生物滤池及生物膜法产生的腐殖质污泥。

（3）按照化学成分

按照化学成分可以将污泥分为有机质污泥和无机质污泥，亲水污泥和疏水污泥。有机质污泥是指以有机物为主的污泥，其主要特性是有机物含量高，容易腐化发臭，颗粒较细，密度较小，含水率高且不易脱水，是呈胶状结构的亲水性物质，便于用管道输送，属于亲水性污泥。一般来说，生活污水污泥和混合污水污泥均属于有机质污泥。无机质污泥是指以无机物为主的污泥，又常称之为沉渣，其特点是颗粒较大，含水率较低且易于脱水，但流动性较差，不易用管道运输，属于疏水性污泥。给水处理沉砂池以及某些工业废水物理、化学处理过程中的沉淀物均为无机质污泥。

（4）按照处理工艺和阶段

按照处理的工艺和不同阶段，可以将污泥分为以下几类。

1）浮渣　主要来自除渣池、除油池、初次沉淀池、二次沉淀池、浓缩池、消化池等。这些池中形成的浮渣层组分可能包括油脂、植物油、矿物油、动物脂肪、蜡、食物残渣、菜叶、毛发、纸、纺织物、橡胶或者塑料制品等。

2）生污泥　一般是指从沉淀池（包括初沉池和二沉池）排出来的沉淀物或悬浮物的总称，又称为新鲜污泥。这类污泥含有大量的动植物残体，有机物含量很高，化学性质很不稳定，含水率一般为 $95\% \sim 97\%$，不易脱水干化。其中，从生化处理二次沉淀池产生的沉淀物又称为活性污泥。

3）活性污泥　是指在活性污泥法系统中的污泥。主要由菌胶团等微生物组成，呈凝聚状态，含水率达 $99\% \sim 99.5\%$，不易脱水，化学稳定性差。外观为褐色，不含大颗粒物质。如果颜色很深，则污泥可能腐化；如果颜色较淡，则可能曝气不足。当设施运行良好时，活性污泥无特别的异味，但会较快地腐化。由二次沉淀池排出至曝气池的活性污泥称为回流污泥，由二次沉淀池（或者由曝气池）排出至污泥处理设施的活性污泥称为剩余活性污泥。

4）膨胀污泥　污泥膨胀一般是由丝状菌过度繁殖引起的，使本应在二次沉淀池中沉淀的活性污泥漂浮在水面上。膨胀污泥中的固体物含量较低，但污泥指数很高。在二次沉淀池中产生污泥膨胀是污水生物处理过程中不希望发生的一种现象。

5) 消化污泥　指污水处理厂中经消化设施消化处理后的污泥。如果是在好氧条件下消化（如在曝气池中）的污泥，称为好氧消化污泥（好氧稳定污泥）；其为褐色至深褐色的絮状物，通常有令人讨厌的陈腐污泥的气味，消化好的污泥易于脱水。好氧消化后的污泥含水率一般为 $96\%\sim98\%$。如果是在厌氧条件下消化（如在封闭的厌氧消化池中）的污泥，则称为厌氧消化污泥（厌氧稳定污泥）；其为深褐色至黑色，并含有大量的气体。消化良好的污泥气味较轻，否则会有硫化氢和其他一些气体的气味。厌氧消化后的污泥含水率一般为 $90\%\sim97\%$；含水率为 $90\%\sim95\%$ 的初沉污泥，消化后的含水率典型值为 93%；含水率为 $93\%\sim97.5\%$ 的初沉污泥和剩余活性污泥的混合污泥，消化后的含水率典型值为 96.5%。

6) 浓缩污泥　是指生污泥经浓缩处理后得到的污泥。污泥浓缩主要是减缩污泥的间隙水，经浓缩后的污泥近似糊状，但仍保持流动性。污泥浓缩是降低污泥含水率、减少污泥体积的有效方法。污泥浓缩的方法有沉降法、气浮法和离心法。

7) 脱水污泥　是指经脱水处理后得到的污泥。污泥脱水是将流态的原生、浓缩或消化污泥脱除水分，转化为半固态或固态泥块的一种污泥处理方法。经过脱水后，污泥含水率可降低到 $55\%\sim80\%$，具体视污泥和沉渣的性质及脱水设备的效能而定。污泥脱水的方法，主要有自然干化法、机械脱水法和造粒法；其中，自然干化法和机械脱水法适用于污水污泥，造粒法适用于混凝沉淀的污泥。

8) 干化污泥　是指经干化处理后得到的污泥，将脱水污泥再进一步脱水则称污泥干化，干化污泥的含水率低于 10%。

1.2　污泥特性和危害

1.2.1　城市污泥的物理特性

城市污泥的物理性质主要包括污泥的含水量与含水率、流变特性、脱水性能（通常由过滤比阻评价）、压缩性、分形特征、湿污泥与干污泥的相对密度、挥发性固体和灰分、可消化程度、污泥的肥分、燃烧价值、毒性和环境危害性等[5]。

（1）城市污泥的含水量与含水率

城市污泥中所含水分的多少叫作污泥的含水量，其大小通常用含水率来表示，指水分在污泥中所占的质量分数（%）。

$$P = \frac{m_w}{m_s} \times 100\%$$ （1-1）

式中　P——城市污泥的含水率；

　　　m_w——城市污泥中水分的质量；

　　　m_s——城市污泥的总质量。

城市污泥的含水率较高通常达到95%以上，污泥中的水分主要包括间隙水、毛细水、内部水和附着水，如图1-1所示。

① 间隙水。又称为自由水，指存在于污泥颗粒间隙中的水，约占污泥水分的70%，一般通过重力浓缩即可去除。

② 毛细水。存在于污泥颗粒间的毛细管中，约占污泥水分的20%，通常采用高压机械脱水方法去除。

③ 内部水和附着水。黏附于污泥颗粒表面的附着水和存在于其内部（包括生物细胞内的水）的内部水，约占污泥中水分的10%，一般要通过细胞破碎或干化方法才能去除。

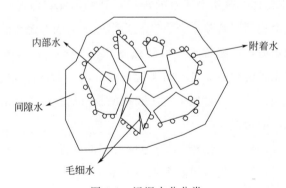

图 1-1　污泥水分分类

（2）城市污泥的脱水性能

污泥的脱水性能不仅与污泥性质、调理方法等有关，还与脱水机械种类有关。在污泥脱水前进行预处理，改变污泥颗粒的物化性质，破坏其胶体结构，减少污泥颗粒与水的亲和力，从而改善脱水性能，这一过程称为污泥的预处理或调理。常用污泥过滤比阻（SRF）和毛细吸水时间（CST）两项指标来评价污泥的脱水性能，其值越大，越难过滤，污泥脱水性能越差。一般地说，SRF$<10^{11}$ m/kg 时，滤饼过滤时阻力小，为容易过滤的滤饼；SRF在 $10^{12}\sim10^{13}$ m/kg 范围内的滤饼，为中等过滤阻力的滤饼；SRF$>10^{13}$ m/kg的滤饼，为过滤阻力很大的难过滤滤饼[6,7]。

（3）城市污泥的压缩性

城市污泥的压缩性是指污泥脱水后滤饼的压缩性，指絮团颗粒在压力作用下的变形和颗粒在滤饼内的位移或迁移，但实际上滤饼的可压缩性相当复杂。滤饼的可压缩程度通常用可压缩性系数表示：可压缩性系数大于 1.0 的物料称为超高可压缩性物料；在 0.5~1.0 之间的物料称为高可压缩性物料；在 0.3~0.5 之间的物料称为中等可压缩性物料；小于 0.3 的物料称为低可压缩性物料；等于零的物料称为不可压缩性物料。但不可压缩物料基本不存在，而污泥滤饼的可压缩性系数约为 0.8~1.1，即污泥为高可压缩性甚至超高可压缩性物料[6,8,9]。

（4）城市污泥的分形特性

所谓分形，是指一类极其零碎而复杂，但具有自相似性和自仿射性的体系；其中，自相似性和标度不变性是分形理论中的两个重要特征。分形维数是表征分形体的不规则程度或空间填充度的基本参数[10]。污泥的形貌、物理结构以及粒度是表征污泥颗粒/絮体特征的重要参数。近年来，科研人员采用分形理论对废水处理单元中颗粒污泥、絮状污泥结构与性质的研究屡有报道，指出污泥絮体具有自相似的分形结构，且形状高度不规则，固相颗粒粒径小，具有胶体性质[11,12]。

（5）城市污泥湿污泥与干污泥的相对密度

湿污泥的质量等于污泥中所含水分与固体物质的质量之和。湿污泥的质量与同体积水的质量之比，称为湿污泥的相对密度，如式（1-2）所示。

$$\rho = \frac{100}{P+\dfrac{100-P}{\rho_s}} = \frac{100\rho_s}{P\rho_s+(100-P)} \tag{1-2}$$

式中　ρ——湿污泥的相对密度；

　　　P——污泥的含水率，%；

　　　ρ_s——干固体的相对密度。

（6）城市污泥的燃烧价值

污泥的主要成分是有机物，具有燃烧性。城市污泥的干基热值可以用弹式量热器测定。根据经验可知，各类污泥的干基热值均大大超过 6000kJ/kg，所以干污泥具有很好的可焚烧性。但在实际工程中，污泥经脱水后含水率一般仍达 70%～80% 左右，因此湿污泥的焚烧性不理想，一般需加辅助燃料方可稳定燃烧。通常新鲜污泥热值较高，消化污泥热值较低。

（7）其他物理性质

污泥的其他物理特性主要包括挥发性固体、污泥灰分、可消化程度和流变特性。挥发性固体指污泥在 600℃ 的燃烧炉中燃烧时以气体形态逸出的那部分固体，反映污泥的稳定化程度。灰分指经灼烧后残留固体部分的质量分数，近似地表示污泥中无机物的含量。可消化程度表示污泥中挥发性固体被消化分解为甲烷、二氧化碳和水的质量分数。城市污泥的流变特性描述了污泥悬浮液在外力作用下发生的应变与应力之间的定量关系（详见 1.2.2 部分相关内容）。

1.2.2 城市污泥的流变特性

1.2.2.1 流变学概述

"流变学"这一概念是由美国印第安纳州 Lafayette 学院的宾汉（Bingham）教授于 1920 年首次提出的，是研究材料流动与形变现象的一门科学。根据不同的流动特性，流体分为牛顿流体和非牛顿流体，式（1-3）为描述理想液体黏度的基本定律。

$$\mu = \frac{\tau}{\dot{\gamma}} \tag{1-3}$$

式中　μ——动力黏度，Pa·s；

　　　τ——剪切应力，Pa；

　　　$\dot{\gamma}$——剪切速率，s^{-1}。

对于牛顿流体，剪切应力与剪切速率之间呈线性关系，当剪切应力与剪切速率呈现非线性关系时为非牛顿流体。表 1-1 列出了非牛顿流体的模型及方程，包括胀流性流体、假塑性流体、Bingham 塑性流体和 Casson 塑性流体模型[13~17]，不同流变模型对应的流变曲线如图 1-2 所示（无时间从属性）。对于任何流体，黏度是描述流体流动特性的重要参数，定义为剪切应力与剪切速率的比值，可通过流动曲线获得；流体黏度越大，流动性越差。大量研究表明污泥属于非牛顿流体，黏度随剪切速率的变化而变化。在剪切速率极低时的黏度称为"零剪切黏度"，反之称为"极限剪切黏度"。污泥黏度与污泥固相浓度、温度以及结合水含量紧密相关。

表 1-1　非牛顿流体模型及方程

模型	方程	参数含义
牛顿流体	$\tau = k\dot{\gamma}$	τ——剪切应力
胀流性流体	$\tau = k\dot{\gamma}^n \ (n<1)$	$\dot{\gamma}$——剪切速率
假塑性流体	$\tau = k\dot{\gamma}^n \ (n>1)$	τ_0——流体屈服应力
Bingham 塑性流体(Bingham)	$\tau = \tau_0 + \mu_b\dot{\gamma}^n \ (n=1)$	k——黏稠度系数
Herschel and Bulkley(H-B)	$\tau = \tau_0 + k\dot{\gamma}^n$	n——流动特性指数
Casson 塑性流体(Casson)	$\tau^{0.5} = \tau_0^{0.5} + \mu_b^{0.5}\dot{\gamma}^{0.5}$	μ_b——剪切速率无限大时的动力黏度

另外，触变性和黏弹性也是非牛顿流体的两个重要特性。触变性指在剪切力的作用下，物质的内部结构随时间的变化，主要表现为黏度的变化。黏度随时间的延长而逐渐减小，称为触变性；反之称为震凝性。黏弹性指流体既表现出弹性固体特性，又表现出黏性液体性质，当施加的剪切应力被撤销时部分弹性恢复。储能模量和损耗模量是描述流体黏弹性的主要参数。

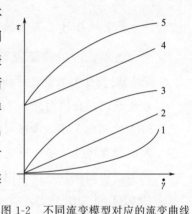

图 1-2　不同流变模型对应的流变曲线

1—胀流性流体（剪切增稠）；

2—牛顿流体；3—假塑性流体（剪切变稀）；4—Bingham 塑性流体；

5—Casson 塑性流体

1.2.2.2 城市污泥流变特性

由于污泥在整个水处理工艺中都处于流动状态，因此污泥流变学在分析污泥水力学特性方面起到了重要作用[18~22]。污水处理厂中不同设备（包括泵、热交换系统、混合反应器等）的设计都需要以流体的流动特性为基础，因此必须深入理解污泥的流动特性，以获取准确的流变参数从而改善污泥处理流程的设计，确保污泥管理的可持续进行。

1991 年 Metcalf and Eddy 公司[23] 指出污泥输送管道的压降计算与污泥的流变性紧密相关，尤其当输运管道较长时污泥流变性在管道设计中起决定性作用。输运牛顿流体时，可通过管道特征、流速以及摩擦系数来计算管道压降。在层流条件下，牛顿流体的摩擦系数与雷诺数成反比，因此管道压降与流体速度和黏度的比值存在定量关系。当流体的速度超过某一值时，流动从层流转变为湍流，通常湍流摩擦系数小于层流的摩擦系数[24]。Groisman

等[25] 的研究表明，由于黏弹性流体具有弹性，其达到湍流状态时的速度比牛顿流体达到湍流状态时的速度小得多。因此，黏弹性流体的摩擦系数显著降低[24,26,27]。Baudez[28] 的研究表明，当剪切应力低于某一临界值时污泥胶体之间的相互作用力有利于污泥絮体网络结构的重建，只要达到临界剪切，固体结构完全破坏，流体开始流动。另外，若搅拌不当，污泥的触变特性将导致长期停留在混合槽或者反应器内的污泥结构重建，从而影响混合和反应的进行，因此深入了解污泥的触变性有利于保证均匀混合以优化污水处理工艺。然而一些学者持有不同的观点，他们认为污泥的触变性是否真实存在有待于进一步的研究[29,30]。

1.2.2.3 流变性与污泥其他物理特性之间的关系

近年来，一些研究表明污泥的流变性与污泥的脱水过程有关。Hou 等[31] 对流变参数能否评价污泥的过滤性能进行了研究，他们采用粉煤灰和絮凝剂调理有机污泥和无机污泥，考察调理污泥的黏度、流变图与 CST 和 SRF 之间的关系。实验结果表明，污泥黏度和流变图能够评价调理无机污泥的脱水特性。哪个流变参数能够用于判断最优调理剂剂量主要取决于污泥的类型和调理方案。当用粉煤灰调理无机污泥时，调理污泥黏度最小时对应的 CST 和 SRF 也最小。另外，流变图的峰值高度也可作为无机污泥最佳絮凝调理剂剂量的评判标准。Chen 等[32] 指出高分子絮凝剂调理城市污泥，能够显著提高污泥的黏弹性，污泥絮体抵抗剪切破坏的能力增强。原污泥主要表现为典型的黏弹性液体行为。然而，絮凝调理污泥表现为黏弹固体特性。当污泥处于最优调理时，污泥的储能模量大于损耗模量。Marinetti 等[33] 采用屈服应力和代表污泥絮体网络强度的比能这两个流变参数，评价污泥的脱水性能是否与流变性相关。结果表明，屈服应力和比能与 CST 和 SRF 之间没有明显的关联。

1.2.3 城市污泥的化学特性

污泥以微生物为主体，同时包括混入生活污水的泥沙、纤维、动植物残体等固体颗粒，以及可能吸附的有机物、重金属和病原体等物质。污泥的化学特性是考虑如何对其进行资源化利用的重要因素。其中，pH 值、碱度和有机酸是污泥厌氧消化的重要参数；重金属、有机污染物是污泥农用、填埋、焚烧的重要参数；热值是污泥气化、热解、湿式氧化的重要参数。

表 1-2 为生污泥和熟污泥的典型化学组成及含量[34]。

表 1-2　生污泥和熟污泥的典型化学组成及含量

污泥组成	生污泥		熟污泥		变化范围
	变化范围	典型值	变化范围	典型值	
总干固体(TS)/%	2.0~8.0	5	6.0~12.0	10	0.83~1.16
挥发性固体(占总干固体质量分数)/%	60~80	65	30~60	40	59~88
乙醚可溶物/(mg/kg)	6~30	—	5~20	18	—
污泥组分	生污泥		熟污泥		变化范围
	变化范围	典型值	变化范围	典型值	
乙醚抽出物/(mg/kg)	7~35				5~12
蛋白质(占总干固体质量分数)/%	20~30	25	15~20	18	32~41
氮(N,占总干固体质量分数)/%	1.5~4.0	2.5	1.6~6.0	3	2.4~5.0
磷(P_2O_5,占总干固体质量分数)/%	0.8~2.8	1.6	1.5~4.0	2.5	2.8~11.0
钾(K_2O,占总干固体质量分数)/%	0~1	0.4	0~3.0	1	0.5~0.7
纤维素(占总干固体质量分数)/%	8.0~15.0	10	8.0~15.0	10	—
铁(非硫化物)/%	2.0~4.0	2.5	3.0~8.0	4	—
硅(SiO_2,占总干固体质量分数)/%	15.0~20.0		10.0~20.0		—
碱度/(mg/L)	500~1500	600	2500~3500		580~1100
有机酸/(mg/L)	200~2000	500	100~600	300	1100~1700
pH 值	5.0~8.0	6	6.5~7.5	7	6.5~8.0

（1）丰富的植物营养成分

污泥中含有植物生长发育所需的氮、磷、钾，维持植物正常生长发育的多种微量元素（钙、镁、铜、锌、铁等）和能改良土壤结构的有机质（一般质量分数为 60%~70%），因此污泥能够改良土壤结构，增加土壤肥力，促进作物的生长。我国 16 个城市 29 个污水处理厂污泥中有机质及养分含量的统计数据表明，我国城市污泥的有机质含量最高达 696g/kg，平均值为 384g/kg；TN，TP，TK 的平均含量分别为 27g/kg、14g/kg 和 7g/kg[35]。经稳定化及消毒后的污泥既可以农用，亦可以用于复垦土地，取决于当地相关的环保法规。

表 1-3 是我国 90 座污水处理厂污泥营养物质成分汇总[36]。

表 1-3 我国 90 座污水处理厂污泥营养物质成分汇总

营养成分指标	有效样本数/个	平均值/%	最高值/%	最低值/%
有机质	79	51.43	77	13.35
TN	62	3.58	7.20	0.31
TP(以 P_2O_5 计)	62	2.32	14.65	0.04
TK(以 K_2O 计)	64	1.42	7.4	0.13

（2）多种重金属

重金属是指密度大于 $5g/cm^3$ 的一类金属元素，大约有 45 种，主要包括镉、汞、铅、铜、锌、银、锡等。但是从毒性角度考虑，一般把砷、硒和铝等也包括在重金属范围内。这些重金属具有易迁移、易富集、危害大等特点，是限制污泥农业利用的主要因素。

污泥中的重金属主要是在污水的处理过程中以沉淀或吸附（占 70%～90%）的方式转移到污泥里的。城市污泥中重金属的产生很大程度上取决于污水处理厂进水，其主要来源有生活污水、工业废水以及地表雨水径流，其中污泥重金属的来源以工业废水和生活污水为主。一般来说，来自生活污水污泥中的重金属含量较低，工业废水产生的污泥中重金属含量较高，表 1-4 为污泥中典型重金属含量[37]。

表 1-4 污泥中典型重金属含量

重金属	酸溶态/%	可氧化态/%	可还原态/%	有机结合态/%	残渣态/%	含量范围/(mg/kg)
Cu	—	81～89	6～9	70～75	5～10	55～2867.4
Pb	3～10	2～3	3～15	3～4	80～86	9.3～370
Zn	20～30	20～35	20～40	15～19	2～5	42.1～3568.3
Cr		40～50	2～4		8～10	10.6～639
Cd	3～5	15～18	70～80		9～10	0.4～39.9
Ni	35～40	20～25	20～28		5～6	13.1～495.3
As	38～40	30～35	6～15		8～11	0.9～61.8
Hg	—	—	—	—		0.1～15.8

（3）大量的有机物

城市污泥中的有毒有害成分主要包括聚氨二苯基（PCBs）和聚氧二苯氧化物/氧芴（PC-DD/PCDF）、多环芳烃和有机氯杀虫剂等。大量有机颗粒物吸附富集在污泥中，导致许多污泥中有机污染物含量比当地土壤背景值高数倍、数十倍甚至上千倍。

1.2.4 城市污泥的生物特性

（1）生物稳定性

污泥的生物稳定性评价主要包括降解度和剩余生物活性两个指标。

① 污泥降解度可以描述生物可降解性。一般来说，厌氧消化污泥的降解度为 $40\%\sim45\%$，好氧消化污泥的降解度为 $25\%\sim30\%$。

② 污泥的剩余生物活性是通过厌氧消化稳定后，生物气体的再次产生量来测定。当污泥基本达到完全稳定化后，其生物气体的再次产生量可忽略不计。

（2）致病性

污泥中主要的病原体有细菌类、病毒和蠕虫卵，大部分由于被颗粒物吸附而富集到污泥中。在污泥的应用中，病原菌可通过各种途径传播，污染土壤、空气、水源，并通过皮肤接触、呼吸和食物链危及人畜健康，也能在一定程度上加速植物病害的传播。

1.2.5 污泥的危害

污泥中有机物含量高、易腐烂、有强烈的臭味，并且含有寄生虫卵、病原微生物和铜、锌、铬、汞等重金属以及盐类、多氯联苯、二噁英、放射性核素等难降解的有毒有害物质，如不妥善处理而任意排放，将会造成二次污染[38]。

1.2.5.1 有机物污染

污泥中有机污染物主要有多氯二苯并呋喃和多氯二苯并二噁英、多环芳烃、邻苯二甲酸酯类、多氯联苯、氯苯、氯酚等。污泥中含有的有机污染物不易降解、毒性残留时间长，这些有毒有害物质进入水体与土壤中将造成环境污染[39]。

二噁英是非人为目的而产生的稳定但没有使用价值的有机物质。二噁英物质为非极性，难溶于水，在强酸、强碱中可稳定存在，具有很强的亲脂肪性。自然环境中的微生物降解、水解及光分解作用对二噁英分子结构的影响均较小。

多环芳烃是由两个或两个以上苯环以不同方式聚合而成的一组化合物，

其中许多化合物具有致癌性。城市污泥中常检测到的多环芳烃化合物主要有萘、苊、二氧苊、芴、菲、蒽、荧蒽、芘、苯并蒽等，通常以 2～4 个苯环的化合物为主，而 5～6 个苯环的化合物含量较低。国外城市污泥中多环芳烃的总含量一般在 1～10mg/kg 之间，但有些高达几十甚至 100mg/kg。

邻苯二甲酸酯类主要包括邻苯二甲酸二甲酯、邻苯二甲酸二乙酯、邻苯二甲酸正二丁酯、邻苯二甲酸正二辛酯、邻苯二甲酸丁基苄基酯和邻苯二甲酸（2-乙基己基）酯。国外城市污泥中邻苯二甲酸酯类的总含量一般在 1～100mg/kg 之间，以邻苯二甲酸（2-乙基己基）酯为主；我国的邻苯二甲酸酯类含量较低，主要以邻苯二甲酸正二辛酯为主。

多氯联苯（PCBs）是目前国际上关注的十二种可持续性有机污染物的一种，又称为二噁英类似物[40]。其是由一个或多个氯原子取代联苯环上的氢原子而形成的一组化合物，有 209 种同系物。城市污泥中多氯联苯的浓度一般在 0.1～20mg/kg 之间。

城市污泥中氯苯的含量一般在 0.1～50mg/kg 之间，其中含量较高的主要是一氯代苯、二氯代苯和六氯代苯。氯酚的含量一般为 0～50mg/kg，有的高达 1000mg/kg。其中，污泥中的五氯酚是毒性很强的化合物。

1.2.5.2　病原微生物污染

污泥中能够引起人类疾病的病原微生物主要包括细菌、病毒、原生动物和寄生虫。美国环保署和其他组织的一些学者对污泥中的病原微生物进行了统计，发现确认的病原微生物至少有 24 种细菌、7 种病毒、5 种原生动物和 6 种寄生虫[41]。其中，噬菌体、蛔虫卵等因对环境有较强抵抗力而较难去除。

污泥中病原微生物对人体的危害主要通过以下几种途径：

① 直接与污泥接触；

② 通过食物链直接与污泥接触；

③ 水源被病原体污染；

④ 病原体首先污染土壤，然后污染水体。

1.2.5.3　重金属污染

重金属在空气、土壤、和水体中的存在对生物有机体影响严重，并且其在食物链中的生物富集极具危险性。

污泥重金属的危害按受害对象可以分为对植物的危害和对人和动物的

危害。

① 污泥重金属对植物的危害表现为影响污泥的肥力。氮、磷、钾三种元素对植物生长是极其重要的，但重金属长期积累于污泥中会使污泥的性质发生改变，会抑制有机氮的矿化势，从而影响植物对氮的吸收；它还会使污泥中的磷转化为磷酸盐沉淀，改变磷的存在形态，降低了植物对磷的有效利用；它还会降低钾的吸附能力而导致钾素肥力下降[42]。

② 污泥重金属对人和动物的危害主要考虑两个方面：a. 污泥农用后重金属会随雨水等渗透到地下水层，对地下水造成污染，人或动物饮用后，引起中毒、腹泻、呕吐等危害，这取决于重金属在污泥里的迁移能力以及重金属自身的毒性；b. 重金属具有富集性，很难在环境中降解，一旦被作物吸收，进入食物链，并随食物链富集，具有损害人及动物健康的潜在危险，开始不易被察觉，一旦出现症状就会带来严重的后果。

我国学者对国内一些重要河流、湖泊的重金属含量进行了不同程度的调查和研究，调查结果如表 1-5 所列[43]。评价结果表明，底泥中重金属含量明显高于当地土壤背景值，部分河流或湖泊，尤其是城市污水、工业污水、矿业废水影响的水体，其底泥重金属污染严重。应根据《城镇污水处理厂污染物排放标准》（GB 18918—2016）执行[44]。

表 1-5　我国部分河流、湖泊重金属含量　　　　单位：%

地点	Cr	Cd	Cu	Pb	Zn	Mn	Ni	Hg	As
长江(南京段)(均值)	72.8	0.62	59.5	58.7	—	1.185	48.3	0.1	20.8
黄河(包头段)	—	2.85	18.89	34.33	132.98				
运河(杭州段)	89.73	1.40	127.3	81.41	657			−0.062~0.12	15.80
太湖	64.4~92.18	—	18.1~155.7	—	—			0.103	4.67~16.88
环渤海湾诸河口(均值)	—	—	37.02	36.00	125.94			0.0263~0.0442	13.74
山东小清河干流	36~94.8	0.061~0.27	—	0.28~0.59	—			0.0263~0.0442	3.7~13.8

续表

地点	Cr	Cd	Cu	Pb	Zn	Mn	Ni	Hg	As
苏州河	45～89	0.05～1.09	17～114	20～101	93～512	—	22～51	—	—
荆马河	103.2～605.1	—	50.38～398.5	43.52～586.9	213.4～613.9	307.9～794.5	11.05～50.33		
水口山矿区康家溪	—	38.86	101.1	101.1	1596	2820	—		—

1.2.5.4 其他污染

污泥对环境的二次污染还包括污泥盐分的污染和氮、磷等养分的污染。污泥的含盐量较高，会明显提高土壤电导率，破坏植物养分平衡，抑制植物对养分的吸收，甚至对植物根系造成直接的伤害。在降雨量较大且土质疏松的地区上大量施用富含氮、磷等的污泥之后，当有机物的分解速度大于植物对氮、磷的吸收速度时，氮、磷等养分就有可能随水流失而进入地表水体，进而造成水体的富营养化，或进入地下引起地下水的污染。

污泥散发出的恶臭以甲硫醇、硫化氢等为主。随着人们生活质量的提高，恶臭也越来越受到人们的关注，因为它不仅刺激人的嗅觉器官使人产生不愉快，而且会对人的消化系统、内分泌系统、神经系统和精神产生不良影响。

1.3 污泥处理处置工艺

1.3.1 污泥处理工艺

由于污泥的来源不同，其成分性质表现出较大的差异性，进而导致其处理手段风格迥异。相对于国外来说，我国污泥的处理发展较晚，工艺技术相对滞后。目前，污泥的处理技术主要包括脱水处理（干化床、压滤、离心、带式压滤）、调质处理（石灰调质、其他无机药剂调质、聚合物调质、热调质）、稳定化处理（好氧稳定、厌氧稳定、石灰稳定、生物堆肥稳定）以及其他处理（热干化、太阳能干化、消毒、长期存储、冷发酵、布袋填料）[45,46]。

（1）污泥的脱水处理

脱水处理将污泥中的水分脱离，是污泥大量减量的主要方式。其主要包括浓缩法、机械深度脱水和自然干化法。

① 浓缩法主要用于去除污泥颗粒间的间隙水，浓缩后污泥的含水率为95％～98％，污泥仍然可保持流体特性。

② 机械深度脱水主要用于去除污泥颗粒间的毛细水，机械脱水后污泥的含水率为65％～80％，呈泥饼状。机械脱水设备主要有板框压滤机、厢式压滤机、带式压滤机、卧螺离心机等。

③ 自然干化主要用于去除污泥的自由水，根据自然条件和渗水层特征，干化期由数周至数月不等。自然干化后污泥的含水率为65％～75％。

（2）调质处理

亦称为预处理，主要原理是通过化学试剂（絮凝剂、凝聚剂、酸类等）或物理方式（超声、热水解、通电等）调理改善污泥的理化性质，从而降低污泥的过滤比阻，提高其过滤性能，然后通过高压式板框压滤机对污泥进行过滤压榨脱水处理，得到含水率稍低的泥饼。此方法在我国普遍应用，且技术较为成熟，处理成本相对来说较为适中。

（3）稳定化处理

指去除污泥中的部分有机物质或将污泥中的不稳定有机物质转化为较稳定物质，包括好氧消化、厌氧消化、石灰稳定、生物堆肥等。

1）好氧消化　是指污泥中的悬浮有机物经好氧微生物作用，部分分解转化为二氧化碳、水、氨气等无机物，并以更稳定的有机化合物形式存在的过程。

2）厌氧消化　这种方法主要针对有机物含量较高的污泥，主要原理是通过隔绝氧气，让污泥进行厌氧发酵，从而产生沼气，达到污泥减量化的目的。

3）石灰稳定　是指将生石灰等药剂与脱水污泥进行混合，利用生石灰和水发生化学反应，释放反应热，形成蒸发，从而将含水率降低到50％以下（可根据生石灰投加量而定）。

4）生物堆肥　主要原理是通过与其他有机类的物质混合，高温有氧发酵得到有用的资源。此方法具有变废为宝的处理理念，但在发酵过程中对微生物的种类、温度、pH值等都需要较高的控制要求，从而使得应用程度并不是很广泛。

（4）污泥热干化技术

这种方法主要针对无有机污染物的污泥，其主要原理是依据加热的方式破坏污泥胶体，从而大量蒸发污泥中的水分（特别适用于结合水的去除）并杀死污泥中所含有的病原微生物及寄生虫等，经热干化后的干污泥具有较强的稳定性，不易转移，对环境的影响较小。然而，由于加热成本较高，使该技术并没有得到较为普遍的使用。

1.3.2　污泥处置工艺

污泥的处置是对处理后的污泥进行消纳的过程，主要包括卫生填埋、污泥焚烧、土地利用、建材利用等。

（1）卫生填埋

卫生填埋是最传统的也是最简单的方式，将污泥中所含泥土埋入土地中，既省时又省财力，还能够最大限度地保护环境，迄今已发展成为一项比较成熟的污泥处置技术，其以投资少、容量大、见效快为优点。然而污泥填埋也存在一些问题，例如渗滤液和气体的处理。渗滤液是一种污染严重的液体，如果填埋场选址或运行不当，这种液体就可能进入地下水层，污染地下水环境。填埋场产生的气体主要是甲烷，若不采取适当措施收集和处理，极有可能引起爆炸和起火。因此，污泥填埋对场址的选择和场地防护处理的要求较高。加上近年来废弃物运输费用的提高以及填埋场址的饱和，该方法受到了很大的限制。

（2）污泥焚烧

污泥焚烧是使污泥中的可燃成分在高温下充分燃烧，最终成为稳定的灰渣。污泥焚烧主要有单独焚烧和混合焚烧。污泥单独焚烧需建立独立的焚烧处置系统；混合焚烧可以依托现有的电厂燃煤锅炉、垃圾焚烧炉等，将脱水污泥或干化污泥按一定比例进行掺烧。污泥焚烧是最彻底的处理方法，大大地减少了污泥的体积和重量，1t干污泥焚烧后仅产出0.36t灰渣，含水率为0，使运输和最后处置大为简化。另外，焚烧后产生的热量也可以充分利用，脱水后的干污泥发热量约为836kJ/kg，焚烧灰亦可制成有用的产品，有利于能量回收利用。然而焚烧也存在一些不足之处，例如投资和操作费用较高，计划实施较困难，焚烧过程中会产生二次污染物（如二噁英等有毒物质），处理不当会对焚烧厂周边居民的健康产生一定的危害。污泥焚烧设备主要有立式多段炉、回转窑焚烧炉和流化床焚烧炉，其优缺点的比较见表1-6[47]。

表 1-6　各种污泥焚烧设备的优缺点比较

焚烧设备	优点	缺点
立式多段炉	污泥在炉内停留时间长,对含水率高的污泥可使水分充分挥发,尤其是对热值低的污泥,燃烧效率高	结构复杂、易出故障、维修费用高;因排气温度较低,易产生恶臭,通常需设二次燃烧设备
回转窑焚烧炉	比其他炉型操作弹性大,可焚烧不同性质的污泥;结构简单很少发生故障,能长期连续运转	热效率低,在焚烧低热值的污泥时必须加入辅助燃料;由于排出的气体温度低,常带有恶臭味,需设高温燃烧室或加脱臭装置
流化床焚烧炉	焚烧时固体颗粒运动激烈,颗粒和气体的传热、传质速度快,处理能力大;结构简单,造价便宜	压力损失大,动力消耗大,能耗浪费大

（3）土地利用

污泥土地利用包括农业利用、园林绿化利用以及用于严重扰动的土地改良。

污泥土地利用被认为是一种积极、有效的污泥处置方式,致使污泥最终剩余物问题得到真正解决,因为其中有机物重新进入自然环境。污泥中含有丰富的有机营养成分,如 N、P、K 和各种微量元素 Ca、Mg、Zn、Cu、Fe 等,其中有机物的浓度一般为 40%～70%,高于普通的农家肥。然而由于污泥中含有重金属等有毒有害物质,且重金属具有不可降解性和长期累积效应,污泥农用的安全受到很多国家的质疑。

（4）建材利用

污泥内富含丰富的 Ca、Al、Si 等元素,和大部分建筑材料成分十分相似。因此通过添加辅料与适当的工艺处理等手段,可以利用污泥来生产砖、水泥、陶粒等各种建筑材料。这样不仅可以完成对污泥的处理,亦可实现环境保护的目的,同时可产生一定的经济效益。

1.3.2.1　国外污泥处理处置现状

不同地区、不同国家的经济发展水平和环境保护法规各不相同,因此对污泥处理、处置的方法和管理办法也不尽相同。但终止污泥粗放或简单的任意排放,以避免对环境和人体健康造成不利影响是全球的共识;同时应将污泥有效回用,以达到可持续发展的目的。

除德国和卢森堡外,欧盟其他成员国普遍采用厌氧和好氧稳定处理;联合稳定化处理,即将厌氧（或好氧）消化与石灰稳定相结合亦是各国青睐的处理方式。德国几乎不采用好氧稳定,较少使用生物稳定,主要的稳定化方式是厌氧消化后加石灰处理。意大利和卢森堡也会将化学调质应用于污泥的处理中。超过 50% 的国家采用离心或带式压滤的方法进行脱水，只有希腊、意大利、葡萄牙和瑞典等采用干化床方式脱水。从经济角度来看，将来会一直沿用的污泥脱水技术大概会是离心、带式压滤和板框压滤[48,49]。

另外，欧盟成员国将热干化技术作为污泥焚烧处置的第一步，在其成员国中应用非常普遍，普及率达到 87%，只有卢森堡和芬兰未采用。而德国、意大利、英国和法国应用最多，几乎一半的热干化处理在德国实施。德国热干化系统主要采用转鼓干化、流化床干化和带式干化[50]。

1992 年欧盟的污泥填埋比例约为 31%，焚烧比例上升至 36%；1998 年污泥填埋比例约为 25%。从 2006 年开始，欧盟等国家禁止填埋有机物含量大于 5% 的污泥，对于城市污泥用于农业生产有严格的规定，不允许污泥直接施用过的农产品售卖；英国、丹麦等国家政府则支持将城市污泥土地利用，以节约磷及其他矿物资源；荷兰、瑞典等国家则要求必须将城市污泥做热处理（发电、制建筑材料)[51]。英国从 1996 年 10 月开始对污泥的陆地填埋征税，德国从 2000 年开始要求填埋污泥的有机物含量小于 5%。据美国环保局估计，今后几十年内美国 6500 个填埋场将有 5000 个被关闭。污泥填埋并不能彻底避免环境污染，而只是延缓了时间[52]。

表 1-7 是欧洲国家的污泥处置情况[53]。

表 1-7　欧洲国家的污泥处置情况　　　　单位：10^4 t

国家＼处置方式	循环利用	填埋	焚烧	其他	合计
比利时	47	40	14	58	159
丹麦	125	25	50	0	200
德国	1391	500	838	58	2787
希腊	7	92	0	0	99
法国	765	0	407	0	1172
爱尔兰	84	29	0	0	113
卢森堡	9	1	4	0	14
荷兰	110	68	200	23	401
奥地利	68	58	65	4	195
葡萄牙	108	215	0	36	359
芬兰	115	45	0	0	160
英国	1118	114	332	19	1583
合计	3947	1187	1910	198	7242

在美国，约60%的污泥经厌氧消化或好氧发酵处理，形成生物固体用作农田肥料；另外有17%填埋，20%焚烧，3%用于矿山恢复的覆盖。美国不同州污泥的处理处置方式不尽相同。2000年，美国21个州50%以上的污泥循环利用；4个州50%以上的污泥填埋；5个州50%以上的污泥焚烧。美国的污泥处理处置未来发展趋势是能源利用所占比例将持续增长，填埋处置比例逐渐下降。

表1-8为美国的污泥处置情况[52]。

表1-8　美国的污泥处置情况　　　　　　　　　　　　　　　　单位：10^6 t

年份/年	有效利用（干污泥）				处置（干污泥）				
	土地利用	先进处理	其他利用	小计	填埋	焚烧	其他	小计	总计
1989	2.8	0.8	0.5	4.1	1.2	1.52	0.1	2.8	6.9
2000	3.1	0.9	0.5	4.5	1	1.6	0.1	7.1	11.6
2005	3.4	1	0.6	5	0.8	1.5	0.1	7.6	12.6
2010	3.9	1.1	0.7	5.7	10	1.5	0.1	8.2	13.9

1995年以前，日本污水污泥的利用以农业为主，用于建筑材料的利用量小于用于农用的利用量。由于土地资源紧张，1995年后日本污泥处理处置方式转为以焚烧后建材利用为主，农用与填埋为辅。1995年日本用于焚烧的污泥达49%，2012年日本用于焚烧的污泥已达65%[54]。从可持续发展的角度来看，污泥焚烧能实现最大化的减量，采用干燥—流化床焚烧技术的污泥焚烧厂几乎不需使用矿物燃料助燃，且产生的余热可用于供暖发电，将是污泥处置的最终出路。目前，日本已制定了大区域污泥处置和资源利用的ACE计划：A（Agriculture）——污泥无害化后用于农业、园林或绿地；C（Construction use）——污泥焚烧后将灰分制成固体砖或其他建筑材料；E（Energy recovery）——利用污泥发电、供热。堆肥将在今后日本污泥处理中占相当份额，污泥用作发电厂燃料也具有应用前景。然而，堆肥处理还存在一些难以解决的问题，如污泥中的重金属问题。目前，日本焚烧灰分利用率已经达到污泥总使用率的27%，并呈继续增长的趋势。

表1-9是日本2011年日本污水处理厂污泥的处置情况[54]。

表1-9　2011年日本污水处理厂污泥的处置状况　　　　　　　　　单位：t

项目	液态污泥①	脱水污泥②	堆肥	干燥③	碳化	焚烧灰	熔渣	合计
填埋	12	43358	1132	3019	34	634953	3321	685829
绿化农田回用	12	26140	248835	30798	3630	21685	0	331100

续表

项目	液态污泥①	脱水污泥②	堆肥	干燥③	碳化	焚烧灰	熔渣	合计
水泥原料	0	88701	0	8991	5122	399639	2695	505148
水泥以外的建材	0	5198	2980	427	157	148810	165472	323044
固体燃料	0	772	0	16266	3383	670	0	21091
其他有效利用	0	3615	288	3863	39	20306	6833	34944
厂内储存	314	11505	114	12	4875	250354	41766	308940
其他	0	0	0	0	0	6546	1006	7552
总数	338	179289	29349	63376	17240	1482963	221093	2217648

① 包括初沉污泥＋浓缩污泥＋消化污泥。

② 包括移动式污泥脱水车产生的污泥（489t）。

③ 包括机械干燥＋自然干燥（702t）。

1.3.2.2 国内污泥处理处置现状

我国的污泥处理处置起步较晚，与国外先进国家相比仍有较大的差距。

化学调理是我国目前应用最多且最广泛的调理方式。国内普遍采用添加化学絮凝剂的方法，主要包括阳离子聚丙烯酰胺、生石灰等，以改变污泥絮体的形态结构及水分子在污泥中的赋存状态，提高污泥脱水性能。板框压滤机、带式压滤机和卧螺离心机是普遍采用的污泥深度脱水机械，而厌氧消化和好氧消化则是目前广泛应用的稳定化方式。

我国的污泥处置目前以填埋、农业利用为主。虽然堆肥、复合肥的研究不少，但生产规模都较小，国内污泥综合利用实例不多，大规模污泥的处置问题仍停留在技术研究层次。不论采用何种处置方法，减小体积、提高含固率都是污泥处置难以回避的重要环节。

然而，城市污水处理厂污泥填埋造成的问题较多：一是消耗大量的土地资源，不少城市很难找到新的填埋场；二是产生大量的渗滤液，由于污泥含水率较高，加剧了垃圾填埋场渗滤液的污染，大部分混合填埋的垃圾场存在拒收污泥的现象；三是能对填埋场产生的气体进行资源化利用的较少，填埋产生的废气不仅污染环境，还存在安全隐患。

污泥农用存在一定的隐患和风险，而我国关于污泥农用风险的研究体系尚不健全，对于污泥处置的风险研究主要涉及污泥土地施用对植物的影响、重金属从土壤到植物的迁移和重金属、氮、磷在土壤中的迁移等方面，可用数据不充分，这些数据通常是基于短期（1～3 年）的试验获得，而长期

（10 年以上）的田间试验数据较为缺乏，若用短期的试验数据预测长期的影响，其本身就存在一定的风险。此外，污泥土地施用后对周围相关暴露人群的影响资料和可用数据几乎为零。我国农业相关部门出于污染物进入食物链的担忧和污泥土地利用难于监管的考虑，目前我国对污泥农用基本持反对态度。污泥用于严重扰动的土地改良和园林绿化，可以避免污泥危害人类食物链，且需求量较大，是土地利用的主要发展趋势[55]。

污泥建材利用是污泥资源化方式的一种，主要包括利用污泥及其焚烧产物制造砖块、水泥、陶粒、玻璃、生化纤维板等。我国在污泥建材利用发展方面较落后，虽然在污泥制砖方面的研究较多，但实际的工程应用不多。

1.3.2.3 国内污泥处置发展建议

近年来，国内外的污泥处理新技术发展迅速，污泥处理处置已从传统的卫生填埋、土地利用和焚烧等传统方式逐渐向"三化"（减量化、资源化和无害化）的方向发展。结合全球普遍倡导的可持续发展理念，可以预见生物处理和焚烧灰分利用将是未来对污泥处理处置的目标。当然，各地区应根据各自经济发展水平，制定和实施目前适宜的处理处置技术，但选择具体方法时应及早考虑短期适用目标与未来发展目标的渐进衔接。另外，城市污水处理厂的污泥处理与处置问题不仅仅需要从技术层面进行进一步研究，而且从观念上需要进一步重视、资金上需要进一步扶助、政策上需要进一步倾斜的环境问题。

根据对当前污泥处理与处置的研究和应用现状的考察，可以得到以下几点关于污泥处理与处置的发展现状及其启示。

① 污泥处理日益被人们所重视，以上海石洞口污泥干化焚烧工程为代表的污泥处理处置项目的建设，标志着我国污泥处理与处置已经进入工程实施阶段。

② 在污泥浓缩处理中已经渐渐淘汰效率低、占地大的污泥重力浓缩池，取而代之的是机械浓缩设备的应用和浓缩—脱水一体化装置的大量应用。

③ 目前，国内污泥脱水设备以带式压滤机为主，而且国内带式压滤机的产品性能已逐渐向国际产品靠拢，并且向浓缩—脱水一体机方向发展。离心脱水机因其脱水效率高、占地小等优点在国外应用很多。目前，国内也已经开发了大型、高效的离心脱水机械，随着技术的进步，离心脱水机械噪声大等缺点逐渐改善，其应用前景较好。

④污泥干化技术在国内应用不多，相关的设备生产厂商也较少，国内的技术水平与国外相比还存在比较大的差距。国外的污泥干化技术设备种类很多，但是由于在国内的应用较少，所以选择时还应慎重。同时，应该考虑与后继污泥处置工艺的衔接。鉴于国外产品昂贵的价格，在现阶段引进国外技术、开发自主产品比单纯进口国外产品更适合我国国情，或者投入一定的精力和经费研究开发适合我国国情的污泥干化技术设备。

1.4　污泥处理处置相关法规及标准

1.4.1　国外相关法规及标准

西方发达国家污泥处理处置标准制定工作起步较早，涵盖了污泥泥质、污泥量、污泥转移台账制度、相关信息记录及报告制度等。

欧盟的污泥管理分为三个层次，即制定相关法律法规、编制标准、出台管理政策等。欧盟及成员国污泥管理的法规体系是由多项立法构成的综合体系，对污水排放量大于2000人口当量的处理厂，必须严格按照《城市污水处理法令》进行处理。为了保障污泥农用不会对植物、动物和人类健康产生危害，欧盟于1986年6月12日颁布了《欧洲议会环境保护特别是污泥农用土地保护法令》(86/278/EEC)，后修正为"91/692/EEC"。该法令对污泥农用的准入条件及污泥施用全过程的监控都做了规定。此外，欧盟还颁布了《废弃物处置法令草案》(95/09/15)、《废弃物焚烧法令草案》(94/08/20)，对成员国污泥填埋、焚烧行为进行规范。其中，德国对于污泥的利用，主要法规有《德国土地保护法》《污泥条例》《肥料法》《水协污泥土地利用质量管理规章》《肥料条例》，详细规定了污泥填埋或农用时应遵循的法规条例。美国的污泥处理处置标准规范主要是USEPA于1993年颁布的《美国生物污泥产生、使用和处置报告》。

美国、欧盟及部分成员国关于污泥处理处置采用的污泥标准及主要内容见表1-10[56]。欧盟及部分成员国农用干污泥重金属浓度限值见表1-11[57]。

表1-10　美国、欧盟及部分成员国关于污泥处理处置采用的污泥标准及主要内容

国家	采用污泥处理处置标准	主要内容
美国	污泥处置与利用标准（40CFR Part 503）	包括总体要求、污染物限值、管理条例、监测频率、记录和报告制度等内容,确保任何施入土壤的污泥病原体与重金属含量低于规定的水平

续表

国家	采用污泥处理处置标准	主要内容
欧盟	污泥标准(CEN/TC 308)	制定了污泥参数的标准规范,形成了污泥处理处置方法的指导准则,提出了污泥管理的未来需求
	污泥农用准则指令(86/278/EEC)	对施用污泥后土地的锌、铜、镍、镉、汞、铅等金属浓度及 pH 值都做了规定,是欧盟各成员国制订污泥标准时参考的基本框架。大多数国家对污泥中重金属含量的限值均比指令 86/278/EEC 规定的限值低
	废物指令(2008/98/EC)	要求废物在处置时不能污染土壤
	欧盟废物焚烧指令(2000/76/EC)	旨在预防或尽可能地限制废物焚烧或共烧(co-incineration)过程对环境的负面影响,规定了专用焚烧炉和水泥窑焚烧或共烧固体废物(包括污泥)的技术和管理要求,包括废物的接收要求、设施运行条件、污染排放限值、监测要求等。该标准对 HCl、HF、SO_x、NO_x、颗粒物、有机物、Hg、Cd、Pb、二噁英/呋喃等提出了限值,且明显高于我国当前执行的 GB 18485—2001 标准
	欧盟废物填埋指令(1999/31/EC)	限制填埋可生物降解的废物,禁止液态和未处理的废物填埋。要求欧盟成员国到 2013 年相比 1995 年减少 50% 的生物可降解废物的填埋
德国	废物处置法(AbfG 和 KrW－/AbfG)	对用于农业或园艺的污泥和施用污泥的农田土壤的相关性质进行了规范。污泥农用条例禁止在永久牧场和林业用地上施用污泥,新污泥农用条例中首次给出了污泥中的 PCB、PCDD/PCDF、AOX 的限值
	污泥法(Abfkl·rV)	
英国	污泥农用法规(法定文书 1990 No. 245)	给出了污泥用于农业时的总体要求和污染物控制要求,详细规定了污泥施用后的注意事项、污泥施用地点的要求和相关信息的记录和保存要求等,并规定了污泥用于农业时各类污染物的控制限值
	控制废物法规(法定文书 1992 No. 588)	规范污泥收集、控制和处置过程
	废物收集与处置法规(法定文书 1988 No. 819)	

表 1-11 欧盟及部分成员国农用干污泥重金属浓度限值   单位：mg/kg

项目	Cd	Cr	Cu	Ni	Pb	Zn	Hg
欧盟	20～40		1000～1750	300～400	750～1200	2500～4000	16～25
欧盟(计划的)	10	1000	1000	300	750	2500	10
德国	10	900	800	200	900	2500	8
法国	20	1000	1000	200	800	3000	10
英国	3		135	75	300	300	1
丹麦	0.5		40	15	40	100	0.5
荷兰	1.25	75	75	38	225	300	0.75

日本制定了多部与污泥有关的法律法规、管理办法及操作标准，主要包括《污泥绿农地使用手册》《污泥建设资材利用手册》《废弃物处理法》等。其中，日本建设部制订的《污泥绿农地使用手册》，主要为了促进污泥的景观利用，但其绿化和农田回用占比并不高，2012年的统计表明，只有15%左右的污泥用于绿化和农田回用[58]。在污泥再利用方面的执行上，日本制定了相当严格的重金属限值标准，以规范污泥作为农地使用。同时，日本对于填埋污泥中污染物浓度的限定亦极其严格，除了重金属限值外，还包括烷基汞化合物、苯、多种有机物指标等。

1.4.2 国内相关法规及标准

为了全面推动我国城镇污泥处理处置工作的规范化开展，指导我国城镇污水处理厂污泥处理处置设施进行更合理的规划及建设，在充分参考了美国、英国、德国及欧盟污泥处理处置的相关标准后，在近30年制定了一系列污泥处理处置的相关法律法规和技术标准。

1984年5月18日，中华人民共和国城乡建设环境保护部发布了我国最早的污泥泥质标准《农用污泥中污染物控制标准》（GB 4284—1984）。2018年，国家标准委正式批准发布新标准取代GB 4284—1984，并于2019年6月1日起实施。本标准规定了适用于农田施用的城市污水处理污泥以及江、河、湖、库、塘、沟、渠的沉淀底泥中，污染物（如镉、汞、铅、铬、砷、硼、铜、锌、镍、矿物油和苯并［a］芘，共11项控制项目）的控制标准。标准同时说明污泥每年用量（以干污泥计）累计不超过7.5t/hm²，连续使用不应超过5年，并配有监测方法。与欧美国家相关标准相比，该标准对有机物指标的相对控制较少。

2007年1月29日，中华人民共和国建设部（简称"建设部"）正式发布了《城镇污水处理厂污泥处置分类》（CJ/T 239—2007）标准。该标准规定了城镇污水、城镇污水处理厂、城镇污水处理厂污泥、污泥处理、污泥处置、污泥土地利用、污泥填埋、污泥建筑材料利用、污泥焚烧等术语的定义，并按照污泥的最终消纳方式对污泥处理处置进行分类，包括污泥土地利用、污泥填埋、污泥建筑材料利用、污泥焚烧四大类和14个应用范围。该标准于2009年12月正式成为国家标准［《城镇污水处理厂污泥处置分类》（GB/T 23484—2009）][59]。

同时，建设部发布了《城镇污水处理厂污泥泥质》（CJ 247—2007）和

《城镇污水处理厂污泥处置混合填埋泥质》（CJ/T 249—2007）两个标准[60,61]。《城镇污水处理厂污泥泥质》为污水处理厂污泥控制的基础标准，是对城镇污水处理厂污泥排放的总体要求。控制标准值的制定考虑到以下因素：防止对土壤微生物和动物的有害影响，防止其通过植物吸收和动物吸收等方式进入生物链对人类造成影响。该标准中基本控制项目为4项（pH值、含水率、粪大肠菌菌群值和细菌总数），选择性控制项目为11项（总镉、总汞、总铅、总铬、总砷、总铜、总锌、总镍、矿物油、挥发酚和总氰化物）。

2016年，国家环境保护部和国家质量监督检验检疫总局联合发布了《城镇污水处理厂污染物排放标准》（GB 18918—2016）（取代18918—2002）。该标准在4.3条款中规定：城镇污水处理厂的污泥应进行稳定化处理，稳定化处理后的控制项目包括有机物降解率（%）、含水率（%）、蠕虫卵死亡率（%）和粪大肠菌菌群值，并对控制项目值做了规定；该标准还规定了污泥农用时污染物控制指标，其中污泥农用的控制指标为14项。

表1-12为我国与其他国家污泥土地利用重金属标准的对比[62]。

表1-12　我国与其他国家污泥土地利用重金属标准的对比　　单位：mg/kg

重金属	中国				美国		欧盟	加拿大	德国
	农用		园林						
	A级	B级	酸性土壤（pH<6.5）	中、碱性土壤（pH≥6.5）	A级	B级	污泥	污泥最大允许含量	污泥
Cd	<3	<15	<5	<20	39	89	20~40	20	10
Cr	<500	<1000	<600	<1000	1200	3000	—	1000	900
Hg	<3	<15	<5	<15	17	57	16~25	10	8
Pb	<300	<1000	<300	<1000	300	840	750~1200	200	900
As	<30	<75	<75	<75	41	75	—	10	
Cu	<500	<1500	<800	<1500	1500	4300	1000~1750	500	800
Zn	<1500	<3000	<2000	<4000	2800	7500	2500~4000	2000	2500
Ni	<100	<200	<200	<200	420	420	300~400	100	200

近30年来我国制定污泥处理处置政策及标准的主要内容及限制性指标汇总于表1-13[63]。

表 1-13　近 30 年来我国制定污泥处理处置政策及标准的主要内容及限制性指标

类别	序号	名称	颁布年份	主要内容
法律法规或技术指南	1	《城镇污水处理厂处理处置及污染防治技术政策(试行)》	2009	明确了我国城镇污泥处理处置设施的规划、建设和管理等技术要求,为污泥处理处置技术方案选择提供依据
	2	《城镇污水处理厂处理处置技术指南》	2010	
	3	《城镇污水处理厂处理处置技术规范》	2011	
国家标准	4	《农用污泥中污染物控制标准》(GB 4284—2018)代替(GB 4284—1984)	2018	规定了在农田中施用的城市污水处理厂污泥,以及江、河等沉淀底泥中污染物控制指标,共 11 项
	5	《城镇污水处理厂污染物排放标准》(GB 18918—2016)代替(GB 18918—2002)	2016	污泥稳定化的控制项目包括有机物降解率(%)、含水率(%)、蛔虫卵死亡率(%)和粪大肠菌菌群值;该标准将《农用污泥中污染物控制标准》中的污染物限值从 11 项增加至 14 项,并将铜和锌的控制标准放宽
	6	《室外排水设计规范》(GB 50014—2006)	2006	指出污泥处置方式包括农用肥料、作建材、作燃料和填埋等。对污泥浓缩、污泥消化、污泥机械脱水、污泥输送、污泥干化焚烧及污泥综合利用等提出了要求
	7	《城镇污水处理厂污泥处置分类》(GB/T 23484—2009)	2009	按照污泥最终消纳方式对污泥进行了分类,包括土地利用、填埋、建材利用、焚烧 4 大类和 14 个应用范围
	8	《城镇污水处理厂污泥泥质》(GB 24188—2009)	2009	将 pH 值、含水率、粪大肠菌群菌值、细菌总数列为基本控制项目,并制定了 11 项选择性控制项目
	9	《城镇污水处理厂污泥处置混合填埋用泥质》(GB/T 23485—2009)	2009	基本指标 3 项:污泥含水率(≤60%)、pH 值和混合比例(≤8%),安全指标为 11 项;用于覆盖土的污泥泥质基本指标 3 项:含水率(≤45%)、臭气浓度(<2 级)、横向剪切强度(>25kN/m²);污泥生物学指标为 2 项:粪大肠菌菌群值(>0.01)和蛔虫卵死亡率(>95%)
	10	《城镇污水处理厂污泥处置园林绿化用泥质》(GB/T 23486—2009)	2009	标准区分了碱性土壤和酸性土壤;含水率要求 ≤40%。总养分(总氮＋P₂O₅＋总K₂O)≥3%,有机质含量≥20%。污染物浓度限值与 GB 18918—2002 一致,卫生学指标沿用了 CJ/T 249—2007
	11	《城镇污水处理污泥处置单独焚烧用泥质》(GB/T 24602—2009)	2009	污染物浓度限值 14 个项目与 GB 18918—2002 中污泥农用指标相同,增加了挥发酚和总氰化物两项指标。卫生防疫安全指标包括粪大肠菌菌群、细菌总数和蛔虫卵死亡率,增加了细菌总数指标。营养指标包括总氮、总磷、总钾和有机质含量

续表

类别	序号	名称	颁布年份	主要内容
国家标准	12	《城镇污水处理厂污泥处置 土地改良用泥质》(GB/T 24600—2009)	2009	理化指标包括 pH 值、含水率、有机质、低位热值和挥发分,特色项目是有机质、低位热值和挥发分。污泥焚烧污染物指标共14项
	13	《城镇污水处理厂污泥处置 制砖用泥质》(GB/T 25031—2010)	2010	基本指标包括 pH 值、含水率和混合比例。特色指标则包括烧失量和放射性核素。污染物浓度限值的规定基本与《城镇污水处理厂污泥处置:混合填埋泥质》的相同,只是部分项目较为严格,总汞为<5mg/kg 干污泥。卫生学指标的规定与《城镇污水处理厂污泥处置:混合填埋泥质》相同
城建行业污泥处理处置标准	14	《城镇污水处理厂附属建筑和附属设备标准》(CJJ 31—1989)	1989	—
	15	《城市污水处理厂水污泥排放标准》(GJ 3025—1993)	1993	—
	16	《城镇生活垃圾堆肥厂技术评价指标》(CJ/T 3059—1996)	1996	—
	17	《污泥脱水用带式压滤机》(CJ/T 80—1999)	1999	—
	18	《有机肥国家标准》(NY 525—2002)	2002	—
	19	《城市污水处理厂污泥检验方法》(CJ/T 221—2005)	2005	—
	20	《城镇污水处理厂污泥处置技术规程》(CJJ 131—2009)	2009	—
	21	《城镇污水处理厂污泥处置农用泥质》(CJ/T 309—2009)	2009	化学污染物指标共 11 项[总砷、总镉、总铬、总铜、总汞、总镍、总铅、总锌、苯并[a]芘、矿物油、多环芳烃(PAHs)];物理指标包括水分、粒径和杂物等 3 个项目;卫生指标包括蛔虫卵死亡率、粪大肠菌群值 2 项;污泥的养分特性包括有机质含量、氮磷钾含量和 pH 值 3 个项目,种子萌发指数>60%
	22	《城镇污水处理厂污泥处置水泥熟料生产用泥质》(CJ/T 314—2009)	2009	理化指标包括 pH 值、含水率(≤80%),重金属污染物指标共 8 项,包括镉、汞、铅、铬、砷、镍、锌、铜。标准规定当从窑头喷嘴添加污泥时,含水率应小于 12%,颗粒粒径小于 5mm

续表

类别	序号	名称	颁布年份	主要内容
城建行业污泥处理处置标准	23	《城镇污水处理厂污泥处置 林地用泥质》(CJ/T 362—2011)	2011	理化指标包括 pH 值、含水率、粒径、杂物等 4 项;养分指标包括有机质含量和氮磷钾养分指标;卫生学指标包括蛔虫卵死亡率和粪大肠菌群菌值;污染物指标共 11 项;此外,对种子发芽指数、累计施用污泥量、连续施用年限等提出了要求
环保行业标准	24	《环境保护产品技术要求 污泥脱水用带式压榨过滤机》(HJ/T 242—2006)	2006	—
	25	《环境保护产品技术要求 污泥浓缩带式脱水一体机》(HJ/T 335—2006)	2006	—
中国工程建设协会标准	26	《城镇污水污泥流化床干化焚烧技术规程》(CECS250:2008)	1996	—
	27	《带式压滤机污水污泥脱水设计规范》(CECS 75:1995)	2008	—

参考文献

[1] Baudez J C,Gupta R K,Eshtiaghi N,et al. The viscoelastic behaviour of raw and anaerobic digested sludge:Strong similarities with soft-glassy materials [J]. Water Research,2013,47 (1):173-180.

[2] 柴朝晖,杨国录,刘林双,等.污泥机械脱水处理方法研究 [J].南北水调与水利科技,2010,8 (5):157-159.

[3] 余杰,田宁宁,王凯军.我国污泥处理、处置技术政策探讨 [J].中国给水排水,2005,21 (8):84-87.

[4] 柳海波,张惠灵,范凉娟,等.投加调理剂与表面活性剂对污泥脱水性能的影响 [J].中国给水排水,2012,28 (3):10-14.

[5] 周少奇.城市污泥处理处置与资源化 [M].广州:华南理工大学出版社,2002.

[6] 赵扬.滤饼微观结构与压榨过滤理论的研究 [D].杭州:浙江大学,2006.

[7] 康勇,罗茜.过滤介质与液体过滤技术 [M].北京:化学工业出版社,2008.

[8] 冯国红,马赫,李云涛,等.城市污泥脱水特性的实验研究 [J].能源与环境保护,2018,32 (1):20-23.

[9] 罗茜,徐新阳.关于过滤理论与滤饼可压缩性的探讨 [J].过滤与分离,1999,1:1-7.

[10] 张桐,王毅力,魏科技.污泥的分形维数与粒度随统计样本的变化特征 [J].环境工程学报,

2009，3（6）：995-1001.

［11］ Jin B，Wilén B M，Lant P. Impacts of morphological，physical and chemical properties of sludge flocs on dewaterability of activated sludge ［J］. Chemical Engineering Journal，2004，98（1）：115-126.

［12］ 李冬梅，施周，金同轨，等.阳离子聚合物用于低温、低浊水处理及其絮凝形学特性 ［J］.中国给水排水，2006，22（1）：379-385.

［13］ Bougrier C，Albasi C，Delgenés J P，et al. Effect of ultrasonic，thermal and ozone pre-treatments on waste activated sludge solubilisation and anaerobic biodegradability ［J］. Chemical Engineering and Processing：Process Intensification，2006，45（8）：711-718.

［14］ Guibaud G，Dollet P，Tixier N，et al. Characterization of the evolution of activated sludges using rheological measurements ［J］. Process Biochemistry，2004，39（11）：1803-1810.

［15］ Mori M，Seyssiecq I，Roche N. Rheological measurements of sewage sludge for various solids concentrations and geometry ［J］. Process Biochemistry，2006，41（7）：1656-1662.

［16］ Baudez J C，Coussot P. Rheology of aging，concentrated，polymeric suspensions：application to pasty sewage sludges ［J］. Journal of Rheology，2001，45（5）：1123-1139.

［17］ Chhabra R P，Richardson J F. Non-Newtonian Flow and Applied Rheology Engineering Applications ［M］. 2008.

［18］ Slatter P T. The rheological characterisation of sludges ［J］. Water Science and Technology，1997，36（11）：9-18.

［19］ Slatter P T. Sludge pipeline design ［J］. Water Science and Technology，2001，44（10）：115-120.

［20］ Slatter P T. Pipeline transport of thickened sludges ［J］. Water 21，2003，56-57.

［21］ Slatter P T. The hydraulic transportation of thickened sludges ［J］. Water SA，2004，30（5）：66-68.

［22］ Slatter P T. Pipe flow of highly concentrated sludge ［J］. Journal Environment Science and Health Part A，2008，43（13）：1516-1520.

［23］ Metcalf L，Eddy H P. Wastewater Engineering：Treatment Disposal，and Reuse ［M］. New York：McGraw-Hill，1991.

［24］ Bird R B，Stewart W E，Lightgfoot E N. Transport Phenomena ［J］. seconded，Wiley，New York，2002.

［25］ Groisman A，Steinberg V. Elastic turbulence in a polymer solution flow ［J］. Nature，2000，405（6782）：53-55.

［26］ Fan Y，Tanner R I，Phan-Thien N. Fully developed viscous and viscoelastic flows in curved pipes ［J］. Journal of Fluid Mechanics，2001，44：327-357.

［27］ Arora K，Sureshkumar R，Scheiner M P，et al. Surfactant-induced effects on turbulent swirling flows ［J］. Rheologica Acta，2002，41（1-2）：25-34.

［28］ Baudez J C. Physical aging and thixotropy in sludge rheology ［J］. Applied Rheology，2008，18

(1)：13459-13466.

[29] Baudez J C. About peak and loop in sludge rheograms [J]. Journal of Environmental Management，2006，78 (3)：232-239.

[30] Seyssiecq I, Ferrasse J H, Roche N. State-of-the-art：rheological characterisation of wastewater treatment sludge [J]. Biochemical Engineering Journal，2003，16 (1)：41-56.

[31] Hou C H, Li K C. Assessment of sludge dewaterability using rheological properties [J]. Journal of the Chinese Institute of Engineers，2003，26 (2)：221-226.

[32] Chen B H, Lee S J, Lee D J. Rheological characteristics of the cationic polyelectrolyte flocculated wastewater sludge [J]. Water Research，2005，39 (18)：4429-4435.

[33] Marinetti M，Dentel S K，Malpei F. Assessment of rheological methods for a correlation to sludge filterability [J]. Water research，2010，44 (18)：5398-5406.

[34] 李鸿江，顾莹莹，赵由才. 污泥资源化利用技术 [M]. 北京：冶金工业出版社，2010.

[35] 李艳霞，陈同斌，罗维，等. 中国城市污泥有机质及养分含量与土地利用 [J]. 2003，23 (11)：2464-2474.

[36] 王涛. 我国城镇污泥营养成分与重金属含量分析 [J]. 中国环保产业，2015，4：42-44.

[37] 解道雷，孔慈明，徐龙乾. 城市污泥中重金属存在形态、去除及稳定化研究进展 [J]. 化工进展，2018，37 (1)：330-342.

[38] 李兵，张承龙，赵由才. 污泥表征与预处理技术 [M]. 北京：冶金工业出版社，2010.

[39] 余杰，陈同斌，高定，等. 中国城市污泥土地利用关注的典型有机污染物 [J]. 生态学杂志，2011，30 (10)：2365-2369.

[40] 郭宏伟. 多氯联苯在水体中迁移转化研究进展 [J]. 气象与环境学报，2009，25 (4)：48-53.

[41] 吴丽杰，苑宏英，陈练军，等. 污水厂污泥中病原微生物控制技术研究进展 [J]. 天津城市建设学院学报，2010，16 (3)：182-188.

[42] Hassan W，David J. Effect of lead pollution on soil microbiological index under spinach (Spinacia oleracea L.) cultivation [J]. Journal of Soils and Sediments，2014，14 (1)：44-59.

[43] 史军伟. 我国河流底泥重金属污染现状及修复技术的研究进展 [J]. 现代物业·新建设，2014，13 (7)：15-17.

[44] GB 18918—2016.

[45] 王星，赵天涛，赵由才. 污泥生物处理技术 [M]. 北京：冶金工业出版社，2010.

[46] 陈懋喆. 欧盟 15 国污水污泥产生量与处理处置方法对比 [J]. 能源与环境保护，2019，33 (1)：6-12.

[47] 周玲，廖传华. 污泥焚烧设备的比较与选择 [J]. 中国化工装备，2018，20 (02)：13-22.

[48] 赵维强. 城市污泥机械浓缩与离心脱水工艺研究 [D]. 济南：山东大学，2006.

[49] 李华，孙福奎，陈超，等. 污泥脱水与热干化脱水的经济性比较 [J]. 中国给排水，2012，28 (23)：143-144，148.

[50] Tsotsas E，Mujumdar A S. Modern drying technology [M]. Wiley-VCH，2019，295-329.

[51] 刘文来. 城市污泥处理工艺研究进展 [J]. 资源节约与环保，2019，3 (109)：147-148.

[52] 唐小辉，赵力.污泥处置国内外进展 [J].环境科学与管理，2005，30（3）：68-70.

[53] 路文圣，李俊生，蒋宝军.发达国家污泥处理处置方法 [J].中国资源综合利用，2016，34（3）：27-29.

[54] 水落元之，久山哲雄，小柳秀明，等.日本生活污水污泥处理处置的现状及特征分析 [J].给水排水，2015，11（41）：13-16.

[55] 王东琴，惠晓梅，杨凯.污泥处理处置技术进展 [J].山西化工，2016，3（36）：17-19.

[56] 魏亮亮，孔祥娟，辛明，等.国内外污泥处理处置标准指标分析及对我国相关标准研究的建议 [J].黑龙江大学自然科学学报，2014，31（6）：790-799.

[57] 马士禹，唐建国，陈邦林.欧盟的污泥处置和利用 [D].中国给水排水，2006，22（4）：102-105.

[58] 何光俊，李俊飞，谷丽萍.河流底泥的重金属污染现状及治理进展 [J].水利渔业，2007，27（5）：60-62.

[59] GB/T 23484—2009.

[60] CJ/T 247—2007.

[61] CJ/T 249—2007.

[62] 张贺飞，徐燕，曾正中，等.国外城市污泥处理处置方式研究及对我国的启示 [J].环境工程，2010，28：434-438.

[63] 魏亮亮，孔祥娟，辛明.国内外污泥处理处置标准指标分析及对我国相关标准研究的建议 [J].黑龙江大学自然科学学报，2014，31（6）：790-799.

第 **2** 章

污泥脱水预处理技术

随着人们对环境污染控制认识的加深，污水处理厂在各主要城市相继建成并投入运行。目前，大部分城市污水处理厂采用生化工艺处理污水，在此过程中必然会产生大量的污泥，其数量约占处理水量的 0.3%～0.5%。污泥通常组分复杂，水分含量高（通常在 99% 以上），经浓缩处理的污泥，其含水量仍在 85%～90%，体积庞大，给运输、储存、使用带来不便，并可能对环境带来二次污染。因而，脱水是污泥处理处置必不可少的过程。但污泥是呈胶状结构的亲水性物质，由于微粒的布朗运动、胶体颗粒间的静电斥力和胶体颗粒的表面水化膜作用，大部分的污泥颗粒不易聚结而分散悬浮于污水中。由于污泥颗粒的特殊絮体结构及高度亲水性，使其包含的水分很难被脱除。目前，我国污泥处理费用已占污水处理厂总运行费用的 20%～50%，有效解决污水污泥处理处置问题已成为一件刻不容缓的事情。

为提高污泥厌氧消化、过滤和脱水性能，以及改善污泥的力学特征，以便后续的运输、堆肥、焚烧、填埋及土地利用，对污泥进行预处理（调理）十分必要。污泥预处理可以改变污泥物理化学特性，提高污泥脱水性、杀菌和促进有机物的水解，从而减少操作上的困难。

在选择污泥预处理的方法上，主要考虑的影响因素包括：a.设施的投资费用、运行成本等经济因素；b.调理剂的脱水效果和脱水性能；c.必须综合考虑分析浓缩、预处理、脱水和后续处置。所选的污泥预处理工艺应该符合污泥机械脱水的要求和标准，并且在工艺上要简单高效，在投资和运行费用上要经济合理，同时管理操作方便、安全可靠，对污泥量和污泥性质的改变要有较强的适应性和应变能力。

表 2-1 和表 2-2 给出了污泥浓缩和脱水的界限指标和不同污泥调理工艺

下污泥机械脱水的效果[1]。

表 2-1　污泥浓缩和脱水的界限指标

污泥类型	可浓缩性能		采用不同的污泥脱水方式的脱水能力					
			带式压滤机①和离心脱水机②（采用高分子絮凝剂作为调理剂）		板框压滤机（采用金属盐类或高分子作为调理药剂）			
					不加石灰		投加石灰	
	含固率/%	含水率/%	含固率/%	含水率/%	含固率/%	含水率/%	含固率/%	含水率/%
可浓缩/脱水性良好	＞7	＜93	＞30	＜70	＜38	＜62	＞45	＜55
可浓缩/脱水性一般	4～7	93～96	18～30	70～82	28～38	62～72	35～45	55～65
可浓缩/脱水性较差	＜4	＞96	＜22	＞78	＜28	＞72	30～35③	70～65③

① 进泥含固率大于3%且小于9%。

② 采用高效离心机脱水。

③ 通过提高投加石灰的投加量。

表 2-2　不同污泥调理工艺下污泥机械脱水的效果

序号	脱水机械类型　调理方式	带式压滤机或者离心脱水机		板框压滤机	
		含固率/%	能否满足垃圾填埋场的承载能力要求	含固率/%	能否满足垃圾填埋场的承载能力要求
1	采用有机高分子药剂	22～30	一般不能	35～45	一般可以
2	采用无机金属盐药剂	一般不采用	—	30～40	经常可以
3	采用无机金属盐药剂和石灰	一般不采用	—	35～45	经常可以
4	高温热水解调理	40～50	一般不能	＞50	一般不能

2.1　污泥预处理的方法与原理

污泥预处理主要是指通过不同的物理和化学方法改变污泥理化性质，调整污泥胶体粒子群排列状态，克服静电排斥作用和水合作用，减小其与水的亲和力，增强凝聚力，增大颗粒尺寸，改善污泥的脱水性能，提高其脱水效果，减少运输费用和后续处置费用等。

污泥调理脱水是一种十分有效的污泥减量化方法。影响污泥脱水的因素很多，如胞外聚合物（extracellular polymeric substances，EPS）、胶体粒径分布、表面电荷、pH 值、比表面积、密度、分形维数等。其中胞外聚合物被认为是影响污泥脱水性能的最主要因素之一，它由微生物细胞分泌的一类高分子有机聚合体组成，主要分为多糖、蛋白质和少量的脂类、核酸、腐殖酸等。例如在活性污泥中，多糖和蛋白质约占胞外聚合物总量的 70%～80%，而这些亲水性物质会在一定程度上增强污水胶体颗粒的束水性能，同时也给污泥的脱水造成不同程度的影响。因此对胞外聚合物的组成及提取方法的研究可为改善污泥的脱水性能提供理论依据。

目前，常用污泥预处理技术主要有物理法、化学法和生物法三大类。

① 物理预处理又称破解预处理，泛指通过外加能量或应力以改变污泥性质的方法，如冷冻融化处理、热水解处理、超声波处理、微波处理、高压及辐射处理等。

② 化学预处理以加入化学药剂的方式改变污泥的特性，如改变酸碱值、离子强度，添加无机金属盐类絮凝剂或有机高分子絮凝剂、芬顿试剂等添加剂。当添加无机或有机絮凝剂时，通常称为化学絮凝预处理；而添加芬顿试剂或臭氧等时称为化学法预处理（为便于读者理解，本书将化学絮凝预处理与化学法预处理在不同的章节进行介绍）。

③ 生物预处理主要是指在污泥的好氧和厌氧消化过程中，好氧和厌氧菌群利用废弃污泥中的碳、氮、磷等成分作为生长基质，以达到污泥减量与破坏污泥高孔隙结构的目的。

以上污泥预处理技术在实际中都有应用，但化学絮凝预处理方法简单，投资成本较低，调理效果较稳定，因此目前以化学絮凝预处理为主。

2.2　破解预处理

污泥破解是指通过一定的预处理手段破坏污泥的絮体结构，使污泥中的固相物质进行降解及水解，主要用于改善污水处理过程中的以下几个方面[2]：

① 固相有机物的降解有助于提高后续生物降解过程的效率；

② 提高污泥中营养元素 N、P 的利用率；

③ 有助于改善后续污泥的机械脱水性能；

④ 减少污泥中病原体微生物数量；

⑤ 抑制厌氧消化过程中泡沫的产生；

⑥ 有助于提高后续的反硝化性能。

由于热水解预处理目前研究最为广泛，本书单独在 2.5 部分进行介绍。

2.2.1 冻融处理

冻融是通过冷冻、融解的方式来改变污泥的胶体性质，破坏污泥原有的絮体结构，形成紧凑不可逆的絮体，降低结合水含量，进而改善污泥沉降和过滤脱水性能[3,4]。Kawasaki 和 Vesilind 指出慢速冷冻预处理的污泥其脱水性能优于快速冷冻法[5,6]。然而 Lee 认为快速冻融（冷冻速率达到 40mm/h），亦能够显著改善污泥的脱水性能[7]。另外，冻结速度、固相浓度和冷冻时间对冻融处理后脱水性能均有影响，冻结速率对污泥的脱水效率影响不大，然而污泥的初始固含量和冷冻时间的作用非常显著[8]。同时，超速冻结预处理同样能够提高污泥的过滤性能[9]。然而由于盐析作用，盐度的添加恶化了污泥的脱水，过滤比阻（SRF）从 $4 \times 10^{12} \, m/kg$ 增至 $8 \times 10^{12} \, m/kg$；但机械脱水后滤饼固含量增加了 3%～4%，且聚合氯化铝比氯化铁和有机聚合电解质在提高滤饼固含量方面的作用更加明显[10]。Chu 等[11]采用自由沉降、小角度光散射、共焦激光扫描电镜等分析了絮凝剂与冻融处理对污泥絮体结构的影响，发现絮凝处理产生的絮体结构紧凑，絮体内的空隙较大且空隙边缘粗糙，分形维数较低；而经冻融处理的污泥絮体，其内部孔隙较小且边界较光滑，分形维数较高，有利于机械脱水。另外，冻融不仅能够改善污泥的脱水性能而且有利于污泥固相的溶解，但瞬时冻融基本不会改善污泥的脱水性能[12,13]。

尽管冻融预处理在改善污泥脱水方面已是很成功的技术，但目前仍未工业化，其原因有两个：一是除极冷地区外，自然冻结的可行性依然未被确定；二是机械冻结的成本昂贵。

2.2.2 机械处理

机械破解技术指采用压力，正能量和旋转能量等破坏污泥中的细胞。污泥中的固相颗粒在机械应力的作用下张紧和变形，当张紧力大于微生物细胞壁的强度，微生物细胞发生结构破坏。机械破解技术主要包括球磨法、高压喷射法、微波法、超声波法和高压均匀化法。

（1）球磨法

球磨法采用的主要设备是球磨机，其主体是一圆筒形的腔体，腔体内配有一根类似圆盘的轴，为了提高破解效果，在腔体内装有钢制或玻璃制的滚珠。碾磨机工作时，电机带动圆盘高速旋转，使污泥与珠子相互搅动碰撞，污泥与滚珠之间的相对运动产生了极高的剪切力从而破坏污泥的细胞壁。但球磨法适合于尺寸较大的微生物细胞的破碎。随着球磨机输出比能的增加，污泥絮体尺寸大大减少，有研究指出当球磨机的输出比能为 10000kJ/kgSS（悬浮固体）时，COD（化学需氧量）的溶出率可达 90%[14~17]。

图 2-1 是不同输入比能下的污泥微观结构。

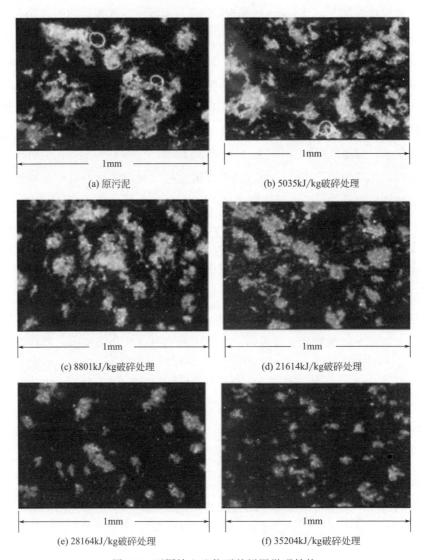

(a) 原污泥

(b) 5035kJ/kg破碎处理

(c) 8801kJ/kg破碎处理

(d) 21614kJ/kg破碎处理

(e) 28164kJ/kg破碎处理

(f) 35204kJ/kg破碎处理

图 2-1　不同输入比能下的污泥微观结构

（2）高压喷射法

高压喷射法破解污泥的主要步骤为：首先用孔径为 710μm 的筛网除去

污泥中粒径较大的无机杂质；随后利用高压泵对污泥加压，使污泥穿过直径为 $\varphi1.2mm$ 的喷嘴，继而在高速 $30\sim100m/s$ 的状态下喷射至一平板上，强大的冲击力是污泥破解的主要原因，破解后的污泥进入储泥池，完成一次处理。该过程可以循环进行，以达到满意的结果。高压喷射是一种有效的污泥破解方式，在 5MPa 的喷射压力下，经过 5 次循环处理，可使 86％ 的总蛋白质溶出；处理 1 次，就能够使溶解性化学需氧量增加 7 倍左右（由 152mg/L 上升至 1250mg/L）[18]。

（3）微波法

微波辐射用于破解污泥絮体结构始于 20 世纪 90 年代，近年来研究较多。微波预处理能够破坏污泥稳定结构，改善污泥脱水性能，主要归结于以下两个方面。

① 微波推动离子运动，在高频电磁场的作用下，污泥中表面带负电荷的固体颗粒以及水分子高速旋转，从而使固体颗粒/胞外聚合物/水界面之间形成了极高的剪切力，降低了相互之间的结合力，促进了固体粒子与水分开；同时，污泥中的带电粒子在不断移动、旋转的过程中，势必会发生部分正负电荷中和的现象，从而导致污泥表面双电层结构被压缩，促使污泥颗粒脱稳、絮凝，出现颗粒粗大化现象，改善污泥脱水性能。

② 微波对不同分子的作用方式不同。在微波作用下，水能够吸收较多的微波能，升温快；而有机物对微波能的吸收较少，升温慢，因此在水和有机物之间出现了温度梯度现象，降低了结合水与胞外聚合物之间的界面表面张力。Ewa[19] 认为微波预处理在改善污泥脱水性能方面的作用不尽相同。在微波辐射 180s、微波功率为 900W 时，原污泥的比阻降为原来的 18％，而厌氧消化污泥和混合污泥的比阻降幅较小分别降为原来的 73％ 和 84％，微波与聚合电解质联合使用的效果更优。另外，在一定的功率下，存在最优的辐射时间，辐射时间太长反而恶化脱水性能，同时微波辐射增大了污泥的粒径，粒径从原来的 $83\mu m$ 增至 $144\mu m$[20]。

国内对微波预处理的研究较少，2007 年哈尔滨工业大学的方琳等[21,22]指出：适宜的微波辐射条件，900W（辐射时间 50s）、720W（辐射时间 110s）和 540W（辐射时间 130s）可明显改善污泥沉降及过滤脱水性能，处理后污泥的 SVI_{30}（1g 干污泥所占的容积）分别减少 48％、38％ 和 30％，真空抽滤后滤饼含水率由 85％ 降为 71％。分析认为：污泥絮体结构破坏是微波改善污泥脱水性能的主要原因。同时，过量的微波辐射破坏了污泥的细胞壁结构，导致胞内物质大量溢出、污泥黏度增加，脱水性恶化。当采用微波加热至170℃，加热时间10min，污泥经离心脱水后浓缩物含水率降至原来的65.5%，污泥的可脱水程度提高[23]。

与传统加热过程相比，微波加热为容积加热具有加热速度快、热效高、加热均匀及设备体积小等优点，然而微波辐射对人体有害且运行费用较高。

（4）超声波法

超声波破解污泥的主要原理为：当一定强度的超声波作用于污泥体系时，污泥中分子的迁移速度加快；另外，在超声波的作用下污泥中产生大量的空化气泡，随着声波的变化这些气泡会随之变化并瞬间破灭，产生空化现象。气泡的瞬间破灭，产生较高的温度、压力和剪切力，使难以降解的有机物得以分解，破坏污泥的絮体结构。

超声波预处理对污泥脱水性能的影响一直备受争议，有研究指出超声处理能够显著改善污泥的脱水性能[24~27]；然而有些学者指出超声预处理恶化污泥的脱水性能[28~31]；另外还有研究表明超声能否改善污泥的脱水性能取决于超声的声能密度、处理时间以及污泥的处理量[28,32]。目前，超声破解预处理污泥已得到了广泛的工程应用，表2-3为超声破解法在生产中的应用情况[33]。

表 2-3　超声破解法在生产中的应用情况

序号	污水厂	人口/万	功率/kW	应用目的
1	Kfiftel	3.4	4	提高消化效率,改善脱水性能
2	Saabrucken-BurBach	20	20	提高消化效率,改善脱水性能
3	Friedberg	3.6	4	提高消化效率,改善污泥脱水性能,控制污泥膨胀
4	Merano	21	16	提高消化效率,改善污泥脱水性能
5	Saalouis-Wallerfangn	9	8	控制污泥膨胀
6	Suedhessische Gas	4	2	控制污泥膨胀
7	Wiesbaden	36	48	提高消化效率,改善污泥脱水性能
8	Kitzbuhel	5	8	提高消化效率,改善污泥脱水性能
9	Mannheim	65	24	提高消化效率,改善消化污泥脱水性能
10	Saalouis-Wallerfangn	9	12	取代污泥好氧消化工艺,改善消化污泥脱水性能
11	Ruesselsheim-Raunheim	8	10	提高消化效率与改善消化污泥脱水性能
12	Darmstadt	18	16	提高消化效率,改善污泥脱水性能
13	Suedhessische Gas	4	6	提高消化效率
14	Detmold	9.5	14	提高消化效率

2.3 化学絮凝预处理

2.3.1 絮凝剂分类

絮凝剂按照其化学成分总体可分为无机絮凝剂和有机絮凝剂两类，其中无机絮凝剂通常称为无机凝聚剂；有机絮凝剂包括合成有机高分子絮凝剂、天然有机高分子絮凝剂和微生物絮凝剂。

2.3.1.1 无机絮凝剂

无机絮凝剂按金属盐可分为铝盐系及铁盐系两类：铝系化合物有硫酸铝 $[Al_2(SO_4)_3 \cdot 18H_2O]$、明矾及三氯化铝等；铁系化合物主要有三氯化铁、氯化亚铁、绿矾、硫酸铁等。

铝盐溶于水后，在一定条件下常会发生水解、聚合及沉淀等一系列化学反应。因铝盐的水解程度不同，其水解产物通常可以分为：未水解铝离子、单核羟基化合物、多羟基化合物，以及无定形氢氧化物沉淀四种，但在碱性条件下，将会产生带负电荷的单羟基离子化合物，在一定程度上导致其脱水性能的恶化。

铁盐在一定条件下也能发生水解、聚合、成核以致沉淀等一系列化学反应，形成铁的不同水解产物。尽管 Fe^{2+} 和 Fe^{3+} 可以相互转化，但这并没有增加铁离子水解组分的复杂程度，因为 Fe^{2+} 和 Fe^{3+} 在较宽的 pH 值内均可以保持稳定。

Fe^{3+} 的水解能力较 Fe^{2+} 大得多，只要 pH 值大于 1，Fe^{3+} 便会生成单羟基配合离子。酸性条件下，可以形成 $[Fe(OH)]^{2+}$、$[Fe(OH)_2]^+$ 两种单核配合物及 $[Fe_2(OH)_2]^{4+}$、$[Fe_3(OH)_4]^{5+}$ 等多核组分。如果 pH 值继续增大时，其水解产物将会形成无定形的 $Fe(OH)_3$ 而沉淀。

而 Fe^{2+} 的水解产物均为单核组分，当 pH 值位于 7～14 之间时其可以逐步转化生成 $[Fe(OH)]^+$、$Fe(OH)_2$（含溶态）、$[Fe(OH)_3]^-$ 以及 $[Fe(OH)_4]^{2-}$。目前，Fe^{2+} 的水解产物为多核的情况还未见报道。

2.3.1.2 有机絮凝剂

与无机絮凝剂的结构和类型单一不同，有机絮凝剂可以分为许多不同类型的产品，这些产品具有不同的化学组成、有效官能团以及生产成本。此外，新的产品还在不断地研究开发中。

表 2-4 为有机高分子絮凝剂的种类[38]。

表 2-4　有机高分子絮凝剂的种类

聚合度	离子型	絮凝剂名称
低、中聚合度（分子量为 1000 至数十万）	阴离子型	藻朊酸钠（SA）、羧甲基纤维素（CMC）等
	阳离子型	水溶性苯胺树脂、聚硫脲、聚乙烯亚胺、阳离子化氨基树脂、苯胺树脂盐酸盐等
	非离子型	淀粉、水溶性蛋白、水胶、水溶性尿素树脂等
	两性型	动物胶、蛋白质等
高聚合度（分子量为 $1 \times 10^6 \sim 1 \times 10^7$）	阴离子型	水解聚丙烯酰胺、聚丙烯酸钠、聚苯乙烯磺酸等
	阳离子型	聚丙烯氨基阳离子变性物、聚乙烯吡啶盐、聚乙烯亚胺等
	非离子型	聚丙烯酰胺、聚氧化乙烯、环氧乙烷聚合物、聚乙烯醇等

高分子絮凝剂因其较强的亲水性能和对污泥胶体粒子表现出来的较强的黏合力，使其既可以溶于水相，又很容易被吸附到污泥胶体颗粒表面。但非离子、阴离子和阳离子高分子絮凝剂在水溶液中基本能保持各自的化学性质，但当溶液中的 pH 值改变时，其离子性能可能也会随之发生变化。例如，非离子型聚丙烯酰胺中的酰胺基在碱性溶液中会发生水解反应，生成阴离子型的聚丙烯酰胺。另外，除分子重复单元的化学组成外，该分子絮凝剂的整体几何构型也会对其絮凝性能产生很大的影响。其中，决定分子构型的主要因素是带电单元在分子中的位置和电荷量大小，同时带电单元之间存在的斥力作用，也有利于高分子絮凝剂分子的线性展开。

大多数阴离子絮凝剂是以聚丙烯酰胺及其衍生物为基础合成的，可随着单位体共聚而发生变化。既含有阳离子基又含有阴离子基的两性高分子絮凝剂，可用来进一步提高絮团的强度。在污泥中，这种两性聚合物的阳离子部分与阴离子部分互相吸附，增大了聚合物的分子量，从而提高了对颗粒的架桥能力和絮团化能力，所形成絮团的强度足以承受分离因数为数千的离心力的作用。两性聚合物主要用于下水和粪便处理。使用时，首先用无机絮凝剂（金属盐）进行电荷中和，然后添加两性聚合物。常用的两性高分子絮凝剂有 CP513、CP511 及 CP563（商品名）。

2.3.2　絮凝机理

絮凝预处理是指通过添加适量的絮凝剂、凝聚剂等化学药剂来改变悬浮溶液中胶体表面电荷或立体结构，克服粒子间的斥力，并以搅拌等外力使其相互碰撞，污泥颗粒絮凝成团而发生沉淀，达到稳定效果。污泥胶体颗粒体积的增加大幅降低了比表面积，从而改变污泥表面与内部的水分分布状况，减少水分的吸附，进而使污泥脱水性能得到有效的改善[34]。

一般认为，絮凝作用通常包括 3 个方面。

1）压缩双电层作用　吸附层和扩散层，合称双电层。污泥颗粒本身带负电荷，颗粒间存在静电斥力，因而胶体分散体系可以长时间保持稳定的状态。除了静电斥力外，胶体颗粒之间通常还存在范德华力。当向水中加入大量阳离子电解质时，正离子就会涌入扩散层甚至吸附层，增加扩散层及吸附层中的正离子浓度，使扩散层变薄，从而使胶核表面的负电性降低，降低粒子的 Zeta 电位。双电层被压缩时，颗粒间的静电斥力就会降低，当大量正离子涌入吸附层以致扩散层完全消失时胶粒间静电斥力消失，此时胶粒最容易发生聚集形成絮团。因此，一般来说，絮凝剂的电荷量越多，达到同样的效果时所消耗的絮凝剂的量就会越少。但当絮凝剂添加量太大时，胶体颗粒表面的电荷就会发生逆转，从而造成胶体颗粒的重新悬浮，如铝盐和铁盐，以及部分有机高分子絮凝剂均会导致这种情况的发生。

2）吸附架桥作用　聚合物依靠分子上的—COO—、—CONH$_2$—、—NH—等活性基团所产生的氢键力、范德华力、配位键力等物理化学作用与污泥颗粒发生作用，把许多污泥小胶粒吸附起来。因此在絮凝过程中聚合物的线状分子首先吸附在颗粒上。吸附的形态有尾辫状（tail）、环状（loop）及长列状（train），这 3 种形态将随着时间的推移而从左向右演变，如图 2-2 所示。当聚合物线状分子的一部分吸附在颗粒上之后，其他部分则在溶液中伸展，并吸附在其他颗粒上，这样就完成了架桥，如图 2-3 所示。线状分子上的黏结点也称为锚点。颗粒上的黏结点又称为活性点或吸附点。将线状分子简化成两端各有一个黏结点的直棒，并将颗粒简化成有两个活性点的圆球。可以看到，图 2-3 中的 1 和 2 所示的圆球上还剩有活性点可供直棒吸附，而 3 则表示球上的活性点已饱和，再无处可吸附。这说明一味多添加絮凝剂不仅无用，而且也会恶化水质（水中离子过多，不宜再利用）。

图 2-4 为高分子絮凝剂所形成的絮团模型。理论上讲，带负电的颗粒可以吸附在任何阳离子聚合物上；反之，带正电荷的颗粒可以吸附在任何阴离子聚合物上。随着颗粒上聚合物的大量吸附，颗粒将带有与聚合物电性相同的电荷，至此，絮凝剂的吸附停止。一般认为，聚合物在颗粒表面的覆盖率达到 1/3～1/2 时，絮凝剂的投加量最佳；当覆盖率达到 90% 时，已脱稳胶

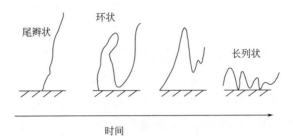

图 2-2　聚合物的吸附形态

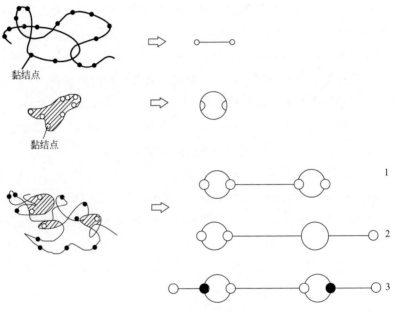

图 2-3　絮凝剂的吸附架桥模型

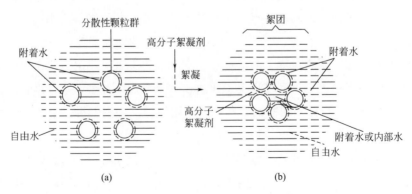

图 2-4　高分子絮凝剂所形成的絮团模型

体能够再次悬浮或产生胶体保护作用。最佳絮凝剂浓度主要取决于其所含官能团数量与极性，而与分子量的大小无关，因此，最佳絮凝效果发生在胶体颗粒 Zeta 电位为零的附近。但分子量越大，絮凝速度越快。由于颗粒的表面电荷不均匀，表面各区域的局部 Zeta 电位将比颗粒的整体 Zeta 电位或高或低，甚至相反。例如，原来带负电的颗粒，吸附一定量阳离子聚合物后，其大部分表面将带正电荷，但也可能有带负电的小区域。于是，阳离子型聚合物吸附在该小区域上。吸附了带电聚合物分子后的颗粒，其表面 Zeta 电位降低，颗粒便在范德华引力作用下彼此靠拢，线状的聚合物分子在颗粒间吸附架桥，形成絮团。

3）网捕作用　当铝盐或铁盐作为絮凝剂投加到水溶液中时，此类阳离子高分子发生水解形成溶解的单聚、二聚和多聚的羟基配合物离子水合而发生沉淀。由于这些水合金属氧化物具有巨大的网状表面结构，并且带有较高正电荷，因此，在沉淀过程中会对带负电荷的胶体产生吸附作用，集卷、网捕水中的颗粒，从而形成絮凝状沉淀沉积在水底。

一般而言，聚合物的分子量越大，絮凝效果越好，絮团沉降速度也越快。但在转鼓真空过滤时，使用分子量小的絮凝剂会更有效，因为分子量大的絮凝剂所形成的絮团较大，絮团内含水多，最终将导致滤饼含湿率增高。反之，采用分子量小的絮凝剂，絮团小且有较高的剪切阻抗，所得滤饼具有均匀的多孔结构，容易快速脱水。可以说，分子量小的聚合物更适用于过滤。絮凝剂调质的好坏，不仅取决于所使用絮凝剂的物化特性，同时还与处理对象、水质条件有关。因此，只有通过实验才能正确选择絮凝剂的种类、使用条件和方法。

有机絮凝剂有离子型和非离子型之分，各自的絮凝机理也不尽相同。

（1）非离子型聚合物的絮凝机理

聚合物的分子像丝线那样弯曲地分布在水中，因其具有高密度的离子基，又不带电荷（不与颗粒相斥），所以在搅拌时易接近颗粒表面。线状分子上高密度存在的酰胺基与颗粒表面进行氢结合，呈环状吸附在颗粒上。与此同时，线状分子的另外部分又吸附在其他颗粒上，从而完成架桥，如图 2-5 所示。

由于非离子聚合物的黏度比阴离子型低，在水中扩散较快，因此形成的絮团既均匀又整齐。又因为不是尾辫状吸附架桥，所以线状分子吸附到的颗粒彼此靠得较近，絮团致密，强度也好。虽然聚合物不受 pH 值和盐类的影

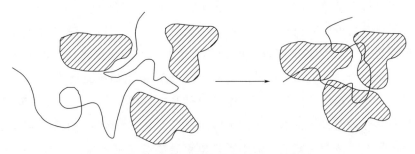

图 2-5　非离子型聚合物的随机吸附架桥

响，但 pH 值对颗粒却有影响，即当 pH 值增高时颗粒上的电荷将增多，斥力增大，所以难以吸附架桥。这就是非离子型聚合物应在中性条件下使用的理由。

（2）阴离子型聚合物的絮凝机理

尽管阴离子型聚合物与带负电的颗粒间有静电排斥作用，但其线状分子在水中的伸展性好于非离子型的，所以易呈尾辫状吸附。在 3 种吸附形态中，尾辫状的吸附概率最高。但其缺点是，线状分子上吸附的颗粒之间距离较大，絮团体积不大，不致密，强度差。

黏土表面上阴离子型聚合物的吸附形态因 pH 值的不同而发生变化，如图 2-6 所示。在 pH 值为 4.35（酸性）条件下，黏土颗粒的表面电荷少，聚合物的离解也受到了抑制，所以易呈吸附点多的长列状吸附。在 pH 值为 7 的条件下，黏土颗粒的表面负电荷增多，聚合物的离解也增强，两者间的静电斥力更大，聚合物的线状分子更易伸展，以尾辫状吸附相距较远的颗粒，形成的絮团体积大，不致密，含水多，强度差。

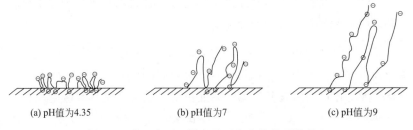

(a) pH值为4.35　　　　　(b) pH值为7　　　　　(c) pH值为9

图 2-6　黏土表面上阴离子型聚合物的吸附形态

随着分子量的增加，絮凝剂的最佳剂量和絮团的沉降速度都将增大。在洗煤废水处理中，趋向用分子量较大的阴离子型絮凝剂，因为形成的大絮团能够获得较快沉降速度，该效果在洗煤废水处理过程中更为重要。另外，分子量小的聚合物的每一个分子都有吸附到单个颗粒上的倾向，因而过多的加入聚合物会降低絮凝程度，但是可得到小而致密且剪切抗力大的絮团，最终的滤饼呈均匀的多孔结构，易于快速脱水。

当阴离子絮凝剂与无机絮凝剂一起使用时，由于颗粒上的负电荷被絮凝剂中和，因此易于架桥。另外，吸附在颗粒上的絮凝剂金属离子又同聚合物进行化学结合，强化了架桥作用。

（3）分子量大的阳离子型聚合物的絮凝机理

综上可知，非离子型和阴离子型聚合物均是通过其线状分子上的酰胺基对颗粒的吸附和架桥实现絮凝的。阳离子型聚合物也是通过吸附架桥实现絮凝的，如图 2-7 所示。吸附的主要原因在于聚合物的阳离子与颗粒上负电荷的静电中和降低了 Zeta 电位；其次，聚合物的酰胺基与颗粒表面的氢结合，以及与颗粒官能团（如有机污泥的—COOH）的化学结合。在如此强的相互作用下，吸附形态迅速从尾辫状经环状向长列状转变，而且阳离子的密度越高，这种转变的倾向越强。

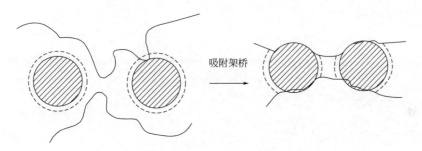

图 2-7　分子量大的阳离子型聚合物的吸附架桥

分子量大的阳离子型聚合物是适用于污泥处理的唯一絮凝剂。活性污泥基质的成分包括有机菌胶团和无机固体颗粒。其颗粒上存在许多胶质状微生物，同时分泌出黏稠的高分子物质（称为生物聚合物）。在生物聚合物的分子上，有许多亲水性官能团，如—COOH、—OH 等，这些官能团与水进行化学结合（氢结合），形成了牢固的亲水层。在中性条件下，—COOH 的离解使水层带上了负电荷，因此污泥颗粒便以大粒径稳定地分散着。在亲水层的阻碍下，非离子型和阴离子型聚合物不能接触到污泥基质的表面，因而发挥不了吸附架桥作用。阳离子型聚合物却能通过静电吸引作用到达亲水层，并与其上的羧基（—COOH）进行化学结合（不溶化）。在亲水层凝胶化之际，亲水层变薄、破裂，这样阳离子分子就容易侵入亲水层内部，并到达基质的表面，实现吸附架桥絮凝。

（4）分子量小的阳离子型聚合物的絮凝机理

聚乙烯亚胺和络合系聚合物的分子量虽然只有数千至数万，但其阳离子的密度和强度却比丙烯酸酯系聚合物的高。这些分子量小的阳离子型聚合物分子中的一部分吸附在颗粒上，而另一部分则以极短的自由链向外伸展，并在相邻颗粒间吸附架桥。由于此种架桥的概率很低，因此聚合物分子与颗粒间的静电吸引作用是主要的。聚合物分子从最初的吸附点经大颗粒（称为镶嵌块）的表面向中心吸附，其吸附形态迅速转变成长列状。阳离子聚合物吸附后，即便镶嵌块呈现为带静负电荷，也仍然能够絮凝，如图 2-8 所示。其原因在于，吸附上去的阳离子聚合物分子使镶嵌块上的电荷分布不均匀。镶嵌块上吸附从阳离子聚合物的一侧与另外镶嵌块上负电荷较多的一侧因静电吸引而实现絮凝。两镶嵌块之间的结合力称为镶嵌力（mosaic force）。图 2-8 所示的絮凝模型又称为静电斑块模型（electrostatic patch model），这一点与压缩双电层引起的絮凝结构相类似。

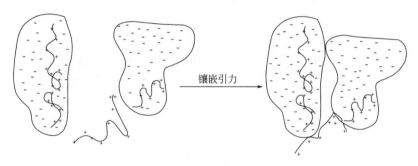

镶嵌引力

图 2-8　分子量小的阳离子型聚合物的絮凝模型

2.3.3　絮凝预处理发展

2.3.3.1　无机絮凝预处理发展

最早应用于聚集悬浮污泥颗粒的无机絮凝剂出现在 1920 年。当时，铁盐、铝盐单独使用或联合石灰一起使用，此类方法被广泛应用于污泥的混凝、絮凝过程中。但是，无机絮凝剂的应用条件比较苛刻，一般都有规定使用的 pH 值范围和离子强度范围，因此，在无机化学药剂使用过程中，常需要添加一定量的苛性物质如石灰等，以便调节污泥的 pH 值、硬度，以及在污泥脱水过程中形成能承受高压的骨架结构，为污泥的机械脱水提供流动通道[35]。同时，无机絮凝剂特别是铝盐絮凝剂存在投药量大、处理效果不理想等缺点，更重要的是 Al^{3+} 的环境问题日益突出，如铝系絮凝剂的大量使用会导致老年痴呆症的产生[36]。

表 2-5 列出了部分国家、地区和组织的饮用水残余铝标准。

表 2-5　部分国家、地区和组织的饮用水残余铝标准

地区或组织名称	浓度指标/($\mu g/L$)
世界卫生组织(WHO)	≤200
欧洲经济共同体(EC)	≤200
美国水厂协会(AWWA)	≤50
美国环保协会(USEPA)	≤50
美国伊利诺伊州	≤100
日本	≤200

穆丹琳等[37] 采用液态聚合氯化铝（PAC）和高效聚合氯化铝（HPAC）对南通某水厂污泥进行调理，当 PAC 和 HPAC 的添加量均为 10％（质量分数）（絮凝剂质量与污泥中干固相质量比）时，剩余总有机碳含量最低可分别降至 0.8mg/L 和 2.9mg/L 左右；污泥的毛细吸水时间分别由调理前的 59.4s 降至 9s 和 2.5s。周国强等[38]分析了硫酸铁和氯化铝对污泥脱水性能的影响，指出当硫酸铁的投加量达到污泥质量的 13％时，离心脱水后污泥含水率达到最小值 63.03％；当氯化铝的投加量为污泥质量的 1％时，离心脱水后污泥含水率为 62.04％。组合调理剂对污泥脱水性能的改善优于单一调理剂。

但应该注意的是，由于无机絮凝剂用量很大，污泥脱水后体积增大，污泥中无机成分的比例提高，且易产生二次污染，增加了后续工艺的投资成本，降低了处理效率。另外，无机絮凝剂在水中的形态也较难确定，进而限制了它的广泛使用。

2.3.3.2　有机絮凝预处理发展

有机絮凝剂从 1960 年开始投入使用。随着聚合物工业的发展和污泥脱水设备的成熟，有机絮凝剂逐步占领了污泥脱水剂市场 90％以上的份额。

在污泥脱水中，常用的有机絮凝剂主要有天然高分子改性型和合成型高分子两大类。

（1）天然高分子改性型有机絮凝剂

天然高分子及其改性型絮凝剂包括淀粉、纤维素、藻朊酸钠、羧甲基纤维素（CMC）、改性植物胶、甲壳素、多糖类、壳聚糖衍生物和蛋白质等类别的衍生物，这类絮凝剂一般属于无毒性产品，适于作为饮用水源水和食品行业等强化固液分离助剂。它们主要是以天然高分子链为主链，运用各种聚合方法接枝上丙烯酰胺类物质，引入阳离子基团等进行改性处理。其中最有发展潜力的是水溶性淀粉衍生物、纤维素接枝共聚物和多聚糖改性絮凝剂。目前，国外在这方面的研究较多，如 Cai 等[39] 以高锰酸钾为引发剂，淀粉或微晶态纤维素作为主链与丙烯酰胺接枝共聚，共聚物水解后与烷基氨基甲醇反应，成功制得一种絮凝性能良好的絮凝剂。这类絮凝剂的研究开发为天然资源的利用和生产无毒絮凝剂开辟了新的途径，有利于原材料的充分利用，且价格低廉、技术简单，反应条件温和，产品絮凝性能好、适应能力强、可二次降解，是一种理想的无毒污泥脱水剂，故通常被认为是一种理想的污泥脱水剂。

（2）合成型高分子有机絮凝剂

随着污泥脱水絮凝剂合成技术的日新月异，合成型高分子有机絮凝剂的品种也越来越多。目前，按可离解基团电离出的电荷类型，一般可分为非离子型、阴离子型、阳离子型和两性型；按其合成方法可分为溶液聚合、乳液聚合、反相乳液聚合和分散聚合等[40]；产品规格可分为粉末状、粒状、球状和薄片状。由于污泥由带负电荷的粒子群组成，阳离子絮凝剂可中和负电荷，使其絮凝脱水。因此，阳离子絮凝剂成为污水处理厂处理污泥的主要产品，而阴离子型、非离子型絮凝剂脱水性能较差，因此在实际应用中也较少。

合成型高分子有机絮凝剂的主要产品是聚丙烯酰胺及其阴离子型、阳离子型和两性型衍生物。它是一类应用性能优良的合成高分子系列絮凝剂，其产品约占整个高分子絮凝剂产量的 80％。

阳离子聚丙烯酰胺（CPAM）是目前国内外使用较为普遍的合成型有机高分子絮凝剂[41]，其他的合成型阳离子絮凝剂目前也被广泛研究。刘宏[42] 合成了 CPAM，并将其应用于重庆某城市污水处理厂浓缩池污泥进行絮凝脱水。当 CPAM 干粉质量浓度为 0.325％～0.48％、投加量为湿泥总量的 0.01％～0.02％、污泥 pH 值为 4.5～8.0 时，对污泥的调质效果较好，上清液浊度去除率高达 96％、色度去除率高达 93％、滤饼含水率降低至 68％。

Higashino 等[43] 采用 N-乙烯基吡咯烷酮和丙烯腈共聚物合成得到新型的阳离子污泥脱水剂，该脱水剂能够使污泥形成更大的絮体。鲁红等[44] 采用分散聚合技术研究了合成季铵盐有机高分子絮凝剂的新方法，并把该生成物应用于污泥脱水中，指出该合成的有机高分子絮凝剂能够有效地改善污泥的脱水性能。Faquan Zeng 等[45] 以丙烯酰胺链为骨架，将聚〔（2-二甲基胺）乙基丙乙酸甲酯〕的侧链接之其上，形成梳状阳离子聚合电解质，但是作者并未将该产物应用于污泥脱水的处理过程中。

李多松等[46] 对丙烯酸酯季铵盐与丙烯酸胺的共聚物 KHYC 型絮凝剂进行了研究，指出在污泥脱水方面，KHYC 型絮凝剂的效果优于聚丙烯酰胺，且使用量低。另外，KHYC 型絮凝剂为液体状，流动性好，溶解迅速无块状，操作使用方便。汪晓军等[47] 采用价格低廉的双氰胺、甲醛合成了双氰胺-甲醛，该产物的阳离子电荷密度较高，具有多种高活性的吸附基团和一定的疏水基团，同时具有高分子链的架桥作用，这些均有利于污泥脱水性能的改善。同时笔者将其应用于城市污泥脱水处理中，指出该絮凝剂的脱水效果优于聚丙烯酰胺和聚合氯化铝。然而，近些年来，关于此类污泥脱水絮凝剂的研究报道以及实际应用均很少见，可能是由于产物中毒性单体的残留限制了其广泛应用。

两性絮凝剂兼有阴离子、阳离子基团，阴离子基团以—COOM（其中M 为氢离子或金属离子）为主，阳离子基团以氨基（—NH_3^+）、亚氨基（—NH_2^+）和季氨基（—NR_4^+）为主。两性絮凝剂同时具有电中和、吸附架桥以及分子间的"缠绕"包裹作用，能够较好地改善不同性质污泥的脱水性能，且对体系的酸碱度不敏感，近年来受到较多学者的关注[48~53]。

由于泥浆的种类太多，因此选择絮凝剂时没有单纯的法则可遵循，必须借助试验，可参考表 2-6 絮凝剂引起的泥渣性状变化和表 2-7 各种过滤脱水机用的有效絮凝剂。

表 2-6 絮凝剂引起的泥渣性状变化

泥渣性状	无机絮凝剂	高分子絮凝剂	无机、高分子絮凝剂并用
絮团大小	小	大	大
絮团强度	强	适度至强	强
泥渣和水的分离速度	慢	快	快
滤液的 pH 值变化	大	小	取决于无机絮凝剂添加量
滤液的澄清	大	小至大	大

续表

泥渣性状	无机絮凝剂	高分子絮凝剂	无机、高分子絮凝剂并用
泥饼的压缩性	小	大	适度
泥饼的初期比阻	适当改善	大大改善	大大改善
泥饼的含水率	低	适度	低
泥饼的增量	大	小	取决于无机絮凝剂添加量
泥饼的剥离性	好	适度	适度

表 2-7　各种过滤脱水机用的有效絮凝剂

机种	形式	有效絮凝剂	判定要素	试验方法
真空转鼓脱水机	刮刀卸料式 折带式 预敷层式	无机絮凝剂(氯化铁等) 消石灰 低聚合阳离子聚合物	滤水性 剥离性 过滤速度 滤饼水分、厚度	CST 法 滤液试验 布氏吸滤漏斗试验
压榨脱水机	间歇式 压榨式 带压榨的厢式压滤机	无机絮凝剂 (氯化铁等) 消石灰 中、高聚合的聚合物 (无机污泥时) 低聚合阳离子聚合物	过滤时间 加压脱水性 过滤速度 泥饼硬度、厚度	CST 法 加压脱水试验 布氏吸滤漏斗试验
	连续式 带式压榨脱水机 螺旋压榨脱水机 辊压榨脱水机	中、高聚合的聚合物 (离子型和非离子型)	滤水性 过滤速度 剥离性 泥饼的蔓延 泥饼的水分	容器试验法 CST 法 重力过滤法 压榨脱水试验
离心脱水机	水平轴型(卧螺) 垂直轴型	中、高聚合的聚合物 (离子型和非离子型)	滤水性 絮团大小 絮团强度	CST 法 间歇式离心分离试验
重力过滤脱水机	水平筛 回转筛	中、高聚合的聚合物 (阴、阳离子型) 无机絮凝剂与 聚合物并用	滤水性 过滤速度 剥离性	容器试验法 重力过滤试验

2.4　化学法预处理

2.4.1　臭氧氧化法

臭氧氧化是一种常用的先进氧化技术，臭氧利用其自身的强氧化性破坏细胞壁和细胞膜，释放出胞内物质，使难降解的有机物质被氧化为可降解的低分子化合物，提高污泥的可生化性[54,55]，臭氧提高污泥的可生化性原理如图 2-9 所示[56]。

图 2-9 臭氧提高污泥的可生化性原理

另外，在臭氧氧化过程中，30％左右的污泥可被直接氧化成无机物（CO_2、H_2O 等），实现污泥减量目的。Kwon 等[57] 研究了臭氧氧化预处理对污泥脱水特性的影响，指出当臭氧剂量小于 $0.6gO_3/gDS$（污泥中干固相）时污泥的过滤性能稍有恶化，当其剂量高于 $0.6gO_3/gDS$ 时过滤性能有所改善。由于臭氧氧化技术使污泥絮体内或细胞内的结合水得以释放，因此污泥的可脱水程度提高，脱水后泥饼的含水率显著降低。Sievers 等[58] 的研究表明臭氧氧化处理能够改善污泥的过滤和沉降性能，该研究也表明改善污泥脱水性能的臭氧剂量远低于以减量为目的的使用剂量。

2.4.2 Fenton 试剂氧化法

H_2O_2 与 Fe^{2+} 构成的氧化体系通常称为 Fenton 试剂（芬顿试剂），该试剂具有极强的氧化性，能够有效地破坏水中毒性的有机污染物，主要应用于工业废水的处理，比如印染废水等[59~62]。利用 Fenton 试剂对污泥进行预处理，Fenton 试剂的强氧化性能够破解污泥中的 EPS（胞外聚合物），破解后的污泥，脱水性能也随之改变。Maha 等[63] 也对 Fenton 试剂（Fe^{2+}/H_2O_2）和类 Fenton 试剂 [Cu(Ⅱ)、Zn(Ⅱ)、Co(Ⅱ) 或 Mn(Ⅱ)/H_2O_2] 作为调理剂时对铝盐污泥脱水性能的影响进行了相关的研究，结果表明，Fenton 试剂调理污泥的脱水效果最好，毛细停留时间（CST）可减少 47％。Lu[64] 研究了过氧化氢浓度、pH 值、反应时间和温度对污泥脱水特性的影响，结果表明，Fenton 试剂氧化预处理能够提高污泥的脱水特性，当 H_2O_2 的剂量为 25g/kgDS 时，CST 从 25.9s 降至 17.3s。由于经 Fenton 试剂氧化后，污泥的 pH 值较低，为方便后续脱水过程的顺利进行，需要对其进行中和，因此成本较高，操作复杂。另外，Fenton 试剂对污泥的脱水效果不如高分子聚合物好，但高分子聚合物对环境的长期潜在危害不容忽视，而 Fenton 试剂的环境安全性较高，因此，从可持续的角度来看，采用 Fenton 试剂对污泥进行脱水有较为广阔的应用前景。

2.4.3 酸碱法

在酸或碱的作用下，污泥中微生物细胞失去生存能力，细胞壁破解，导致细胞内的物质被释放出来。Chen 等[65] 采用酸和表面活性剂对活性污泥进行预处理，研究发现处理后污泥的可脱水程度大大提高，污泥体积大幅度减小。何文远等[66] 指出，酸处理对污泥过滤性能（脱水速率）的影响不大，却能够提高污泥的可脱水程度；压榨后的滤饼含水率降低了 7.9%（由处理前的 76% 降至 70%）。在污泥中投加碱有助于脂类物质的溶解从而使污泥细胞破解。Rajan 等[67] 认为厌氧消化前向污泥中投加碱能使 45% 以上的固体有机质溶解，消化过程的产气量亦随之提高；但是如果碱量过大，导致污泥 pH 值过高，将会发生褐变反应，从而降低污泥的生物可分解性[68]。

另外，湿式氧化法、氯气氧化法也是常见的污泥破解技术。湿式氧化技术指在高温高压条件下，利用氧气、臭氧、过氧化氢等氧化剂将污泥中的有机物氧化为 CO_2 和水等[69]。氯气氧化法在氯气制备、运行费用、氧化能力等方面均低于臭氧，因此为达到相同的破解效果，氯气的投加量需大幅增加，一般为臭氧的 7~13 倍。另外，氯气氧化后的污泥沉降性能很差（SVI>400）[70]。

2.5 生物预处理

微生物絮凝调理技术是使用微生物絮凝剂（MBF）进行污泥调理的技术，主要包括以下几类：

① 直接利用微生物细胞的絮凝剂，如某些细菌、霉菌、放线菌和酵母，它们大量存在于土壤、活性污泥和沉积物中；

② 利用微生物细胞壁提取物的絮凝剂，如酵母细胞壁的葡萄糖、甘露聚糖、蛋白质和 N-乙酰葡萄糖胺等成分均可用作絮凝剂；

③ 利用微生物细胞代谢产物的絮凝剂，微生物细胞分泌到细胞外的代谢产物主要是细菌的荚膜和黏液质，除水分外，其主要成分为多糖及少量的多肽、蛋白质、脂类及其复合物[71]。

微生物絮凝剂在一定程度上也属于天然高分子有机物，是一类由微生物在特定培养条件下生长代谢至一定阶段产生的具有絮凝活性的产物。它是利用微生物技术，通过细菌、真菌等微生物发酵、提取、精制而得到的，是具有生物分解性和安全性的新型、高效、无毒、无二次污染的水处理剂，主要成分有糖蛋白、多糖、蛋白质、纤维素和 DNA 等[72]。与传统的絮凝剂相比，微生物絮凝剂在污水处理过程中具有以下优点。

① 高效性：同等用量下，微生物絮凝剂的使用效率明显高于常规絮凝剂。

② 安全无毒性：采用微生物絮凝剂处理食品废水，既可回收有用成分，又可减少排污量，是食品行业废水治理的发展趋势。

③ 无二次污染：微生物产生的絮凝剂成分复杂多样，且随菌种的不同而不同，具有可生化性，即能够自行降解，因而絮凝后不会带来二次污染。

④ 用途广泛、脱色效果独特：对泥浆水、畜产废水、染料废水等有极好的絮凝和脱色效果。

⑤ 投放量相对少：使用少量微生物絮凝剂，就能实现大面积污水的净化作用。

⑥ 热稳定性强：有的生物絮凝剂还具有不受 pH 值条件影响，用量小等特点[73]。

在活性污泥中加入微生物絮凝剂，污泥容积指数很快下降，消除污泥膨胀状态，从而恢复活性污泥沉降能力。Yang 等[74] 从活性污泥中筛选到一株产生物絮凝剂菌株 N-10，经鉴定为克雷伯氏菌属，且其对 5g/L 的高岭土悬浊液的絮凝率为 86.5%，菌株 N-10 的代谢衍生物 MBF10 对污泥脱水有很好的效果，经其处理后的污泥固相质量含量和污泥比阻值分别为 17.5% 和 3.36×10^{12} m/kg；将 MBF10 和硫酸铝混合使用时，污泥脱水效果得到了极大改善。杨思敏等[75] 指出当黑曲霉产生物絮凝剂的投加量为 27mg/L 时，污泥含水率从 97.1% 降至 78.2%，同时其对 Cr(Ⅵ) 的处理效果也较好。张娜等[76] 采用酱油曲霉产生的微生物絮凝剂作为污泥絮凝脱水剂，对城市污水处理厂浓缩污泥进行调理，结果表明，当微生物絮凝液最佳投加体积为 6%～8%（体积比），调理温度为 28～32℃、pH 值为 6～7 时，经微生物絮凝剂调理的污泥，在离心力 3000r/min，离心 9min 后，脱水率高达 82.7%，滤饼含水率降低至 77.3%，在一定程度上实现了污泥的减量化。赵继红等[77] 从活性污泥中筛选出一株微生物絮凝剂产生菌，将其在优化培养条件下生成的微生物絮凝剂 M-127 与聚丙烯酰胺、聚合氯化铝以及硫酸铝进行脱水效果对比，试验结果表明，M-127 投加量为 2mg/L 时，污泥沉降性能得到明显改善；当投加量为 40mg/L，pH 值为 6.5 时，污泥比阻（SRF）可降至 4.71×10^{10} m/kg，脱水率可达 96.3%，效果优于聚丙烯酰胺、聚合氯化铝以及硫酸铝。

尽管微生物絮凝剂具有无毒、无二次污染、可生物降解、污泥絮体密实、对环境和人类无害等优点，但因其存在絮凝剂的用量大、研究水平较低、制备成本较高、絮凝机理尚无明确解释、针对性不强等问题，使其在工业上的广泛应用受到很大限制。因此，复合型微生物絮凝剂、微生物絮凝剂与高分子有机、无机絮凝剂复配药剂不断涌现，并表现出良好的改善污泥脱水性能的效果。但微生物絮凝剂存在的不足仍不容忽视，今后仍需进一步改善和提高其絮凝性能，对微生物絮凝剂的种类、成分与处理污泥类型之间关系做进一步的研究，使其能够单独使用于污泥调理中，并取得良好效果，做到真正的无二次污染。

2.6 热水解预处理

热水解预处理是一种有效的污泥破解技术，按照水解温度的不同分为高温热水解和低温热水解两种。高温热水解的处理温度一般大于100℃，而低温热水解的处理温度一般低于100℃，处理温度介于60～180℃之间的较为常见。热水解预处理的实质是污泥在高温下，微生物絮体解散，细胞结构破碎，蛋白质、多糖和脂类等有机大分子水解，导致污泥颗粒黏性降低、污泥中水分分布特性改变，从而改善污泥的脱水能力；另外，固体有机物的溶解和大分子的水解有利于提高厌氧消化效率，增大甲烷的产气量[78,79]。20世纪90年代以后，热水解技术受到人们的广泛关注。

热水解预处理技术是目前提高污泥脱水能力、改善污泥厌氧消化性能的最有效方式。其原理为：在高温高压下通过热效应促使污泥中的有机质及细胞结构（包括细胞壁和细胞膜）发生破碎，释放出蛋白质、脂肪、多糖等大分子物质，同时将胞内水释放为自由水；释放出来的有机物进一步水解生成溶解性中间产物以及小分子物质，如脂类水解生成脂肪酸、蛋白质水解生成氨基酸、碳水化合物水解为多糖或单糖等，继而氨基和醛基发生缩聚反应，生成缩聚氨酸、氨氮及类黑素和腐殖酸等褐色物质[80]。目前已报道的关于热水解的最优操作条件为：热水解温度160～180℃，热水解时间20～40min。当热水解温度高于最佳温度时，提高热水解温度能够引起以下一系列反应：

① 降低污泥体系的表观黏度；

② 改善下游厌氧消化性能；

③ 提高蛋白质的溶解度；

④ 提高糖类的溶解度；

⑤ 对脂类溶解性影响甚微（可忽略）；

⑥ 降低颗粒的平均粒径；

⑦ 提高难降解物质的含量（COD、N、颜色等）。

由于世界各地对污泥脱水及消化过程的侧重点并不完全相同，因此采用热水解预处理技术的目的存在一定的差异，但最基本的主旨为：

① 提高负荷率，以最小化新建消化厂的规模或提高现有设备的效率；

② 提高污泥的脱水能力，降低下游污泥的输送成本和操作成本；

③ 提高再生资源的产量，实现污泥稳定化处理。

热水解条件对厌氧消化沼气产量、厌氧消化过程中的能量平衡、污泥中氨氮及热水解污泥的流变行为等均有显著影响。

2.6.1　热水解系统质量平衡和能量平衡

热水解预处理技术的关键问题是使达到热水解反应温度时所需的能量最低。由于污泥固相的比热容低于水的比热容，因此提高污泥的固含量可从本质上降低能量需求。由于初沉污泥和活性污泥的固有能量具有显著差异；对传热过程的流动行为影响也不尽相同，因此研究不同种类污泥对热水解过程所需能量的影响至关重要。由于具体条件的制约，不可能从在役系统中提取能量平衡和质量平衡的相关数据，因此基于理论的能量平衡计算是当前研究的主要内容。

有学者[81,82]以理论为基础，推导出了年产 1×10^4 t 干固相污水处理厂质量平衡关系，典型的能量平衡系统如图 2-10 所示。其中该厂的处理对象为混合污泥（初沉污泥和活性污泥比例为 3:2），未经任何处理的原混合污泥固含量约 5%，经浓缩、热水解、厌氧消化和脱水一系列处理后，脱水泥饼固含 35%；尤其热水解污泥加水稀释随后进行厌氧消化可以降低下游系统中氨氮含量。

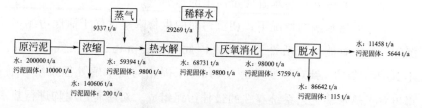

图 2-10　典型的能量平衡系统

2.6.1.1 影响热水解能量需求的因素

热水解过程中所需的能量其提供方式主要有两种：一是利用锅炉直接对沼气或天然气加热得到所需蒸气；二是采用热电联产的往复式内燃机和辅助锅炉（设备较大时可以采用汽轮机），利用其余热产生所需蒸气。影响能量需求量的因素主要包括：热电联产系统的类型、效率、结构等；沼气生产工艺；厌氧消化厂的类型、操作温度和滞留时间以及污泥的组成。上述因素中污泥组成尤为重要但经常被忽略。由于影响能量需求的因素众多且不易计算其具体数值，导致目前无法准确预测实际工厂的能量需求，故只能以理论为基础，不考虑实际工厂的装置问题，在宽泛的条件下进行能量衡算。

(1) 污泥固含量对热水解能量需求的影响

有研究指出当污泥固含量约 15%～18% 时，热水解能量需求最低，属最佳固含量，进一步增浓，将导致传热过程受阻[81,82]。2013 年 Panter[83] 指出对于无损耗系统，热水解过程中，固含量与所需蒸气量呈指数关系，如式(2-1) 所示：

$$S = \frac{10.85\Delta T}{9.11\eta}(134 \times DS^{-1.05}) \tag{2-1}$$

式中　　S——热水解过程中的蒸气需求量，kg/t 固相；

　　　　ΔT——温差（进料温度与热水解温度之差），℃；

　　　　η——系统效率；

　　　　DS——固含量（以小数表示）。

该公式适用于初沉污泥与活性污泥之比为 3:2 的条件下，改变污泥的组成，公式中的系数将会发生变化。Panter[83] 的研究表明随着污泥固含量的增加，热水解过程所需能量以指数关系递减，当固含量从 1% 降到 5% 时，所需蒸气量骤减（从约 12000t/t DS 降到 2400t/t DS）；固含量超过 5% 时，所需蒸气量的变化幅度趋缓，尤其固含达到 17% 后，所需能量基本不变。

(2) 污泥组分对热水解能量需求的影响

不考虑热水解的情况下，初沉污泥的生物降解性优于活性污泥；同时初沉污泥的固有能量较活性污泥高，因此等量初沉污泥的沼气产量高。2015 年 Barber 等[84] 针对年处理量 1×10^4 t 干固相的热水解处理系统开展研究，得出对于热水解工艺系统存在的最佳污泥组成。对所有污泥均进行热水解的系统，随着初沉污泥比例的提高，能量收益逐渐增大，直至 70% 左右时获得最大收益；随着初沉污泥含量的继续增加，收益稍稍下降。对只热水解活性污泥的系统，随着初沉污泥比例的提高，能量收益亦逐渐增大，初沉污泥占据约30％时，收益最大，继续增加初沉污泥含量，收益显著下降。

初沉污泥与活性污泥之比为3∶2时，其典型的能量平衡系统如图2-11所示。污泥处理量为$1×10^4$t干固相；初沉污泥与活性污泥比值3∶2；初沉污泥和活性污泥均经过热水解；内燃机效率85％，电效率38％，27％的高位热，17％的低位热。图2-11中，沼气产量根据元素的化学计量法计算，与污泥的种类无关，研究表明对于热水解的污泥其输出动力为950kW·h/t DS，而未经热水解的污泥为825kW·h/t DS[85]。

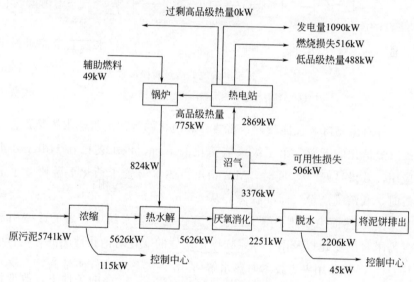

图 2-11　典型的能量平衡系统

（3）不同热水解工艺对热水解能量需求的影响

在欧洲，普遍采用仅对活性污泥进行热水解，而并不对初沉污泥进行热水解的工艺以降低能量需求并获取相应动力。虽初沉污泥并未进行热水解，但系统的沼气产量只轻微下降，在相同假设条件下，该工艺处理每吨干固相得到的动力约900kW·h[86~91]。Shana等[92]指出只热水解活性污泥的污泥处理工艺系统，其沼气产量仅从原来的3376kW（初沉污泥和活性污泥全部进行热水解的系统）降到3188kW，降幅仅5％，热水解系统的能量转换流程如图2-12所示。另外，只针对活性污泥进行热水解则可显著减小热水解装置，产生的沼气量足以提供所需蒸气，而无需辅助燃料。

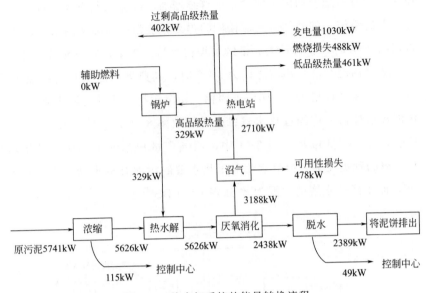

图 2-12　热水解系统的能量转换流程

(只对活性污泥进行热水解,其他条件同图 2-11)

　　针对生物降解性能较差、需要二级消化的污泥可将热水解装置置于第一级厌氧消化的下游,第二级厌氧消化的上游,该工艺已在 Hillerød 市成功应用,效果良好[93]。同时,Mill 指出当热水解置于消化下游比置于消化上游时,其沼气产量(标准状态)从 454m³/tDS 增至 503m³/tDS,增幅超过 10%[91]。然而由于热水解工艺在整套污泥处理系统中位置的改变引起的沼气需求量的变化以及由于一系列操作条件的变化对消化性能的影响目前尚未确定[94],需采用夹点技术对热水解-消化工艺系统进行能量衡算。夹点技术的应用将成为污泥处理系统的里程碑,是将来深入研究的发展方向。

2.6.1.2　热水解对下游工艺能量需求的影响污水处理厂

　　尽管热水解技术提高了沼气产量,然而与传统的厌氧消化相比,热水解与厌氧消化耦合的处理工艺(图 2-11),其辅助的能量需求较高,导致能量收益偏低。然而当热水解技术处于厌氧消化下游时,能量收益较显著。挥发性固相破坏率及脱水能力的提高显著减小了消化污泥的体积,尤其脱水泥饼含水率显著下降。消化、热水解耦合消化两种不同工艺对污泥干燥过程所需能量的影响,如图 2-13 所示。因此热水解与消化工艺耦合能够显著降低后续污泥干燥过程的能量需求。研究指出将含水率 75% 的原污泥(未经消化和热水解的污泥,含 1t 干固相),通过干燥工艺降至含水率 5% 时,所需能量约 2042kW·h/t；热水解与厌氧消化耦合技术使后续干燥过程中水分蒸发所需能量降低约 60%（从原污泥所需的 2042kW·h/t 降到了 780kW·h/t，未考虑干燥系统的能量损失)[95]。

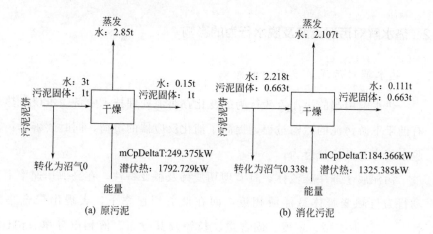

(a) 原污泥   (b) 消化污泥

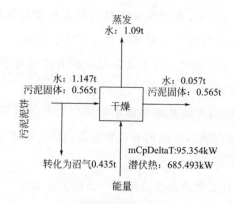

(c) 热水解耦合消化的污泥

图 2-13   不同工艺对污泥干燥过程所需能量的影响

实际污水处理厂的运行结果表明热水解技术的开发已显著降低了污水处理厂下游工艺的能量需求。爱尔兰都柏林一污水处理厂，计划将干燥设备扩建 300%，由于热水解装置的安装使干燥设备的体积减小了 50%[96,97]。在英国，热水解技术主要用于减小甚至替换污泥干燥设备[95,98]；同时，热水解技术使得污泥的体积减小，脱水性能提高，进而提高了焚烧设备的生产能力，降低了操作成本[84,99]。由于热水解过程中有机固相破坏率提高，使得沼气产生量增加，而脱水滤饼由于有机物的减少而导致热值降低（以干基为基础），表面看来与滤饼燃烧工艺中的能量回收相违背。然而，由于污泥脱水性能的改善，使得脱水滤饼含水率大幅降低，由未经热水解原污泥的70%降到热水解污泥的50%，脱水性能的改善使得热水解污泥的热值与褐煤的热值相近，无需辅助燃料或很少辅助燃料即能燃烧[100]。

2.6.2 热水解对污泥流变及脱水行为的影响

2.6.2.1 热水解对污泥流变行为的影响

热水解引起的污泥流变行为的变化在污泥处理技术中备受争议。热水解有助于下游污泥的运输过程，提高了消化反应器的负荷，同时改善了污泥的脱水能力及其流变行为。

污泥属于非牛顿流体，具有剪切变稀及触变特性，在高剪切速率下其流动行为与触变胶体悬浮液相近，而在低剪切速率下，表现出聚合物的特性[101]。污泥类型、密度、固含量、粒径及其分布、液相电导率、pH值及表面化学特性、沉降性及磨蚀性等均对污泥流变参数具有显著影响[102]。热水解能够降低污泥的黏度，主要体现在以下几个方面：

① 热水解后污泥中的自由水以不可逆的方式显著增加，降低了悬浮液系统的黏度；

② 随着热水解温度的升高和热水解反应时间的延长，污泥中微生物的细胞壁和细胞膜遭到破坏，胞内有机物如蛋白质、碳水化合物、脂类等被释放，导致体系黏度降低；

③ 氨基和醛基发生的缩聚反应进一步降低了黏度[100]。当热水解温度升至120℃时，污泥黏度从264mPa·s降至21.6mPa·s，降幅达12倍；当热水解温度升至170℃时，黏度降至3.16mPa·s；随后再升高温度污泥黏度变化平稳[103]。

阿伦尼乌斯定律表明温差仅仅能够降低约30%的黏度，但研究者们得出的黏度降低数据远远超过此值。同时，随着热水解反应温度的升高，污泥的流动行为更接近于牛顿流体[103,104]。

同时，热水解污泥冷却后表现出不可逆的行为，即热水解污泥冷却到初始温度后，其屈服应力和黏度均比未经热处理的小得多[104~107]，此现象被称为热历史（thermal history），主要由于热水解过程中污泥组分溶解率的提高和蛋白质不可逆的热变性[106]。

2.6.2.2 热水解对污泥脱水行为的影响

相关研究指出不论采用何种机械脱水方式，热水解均有助于污泥脱水，滤饼固含量能够提高几十个百分点[87,99,107,108]。当活性污泥中 EPS（胞外聚合物）浓度较低时，进一步提高 EPS 浓度有助于减少污泥中的细小颗粒，有利于污泥絮体之间形成架桥，进而改善污泥的脱水特性。然而当污泥絮体形成后，继续增加 EPS 浓度则恶化脱水性能，最佳 EPS 浓度介于 30～40mg/gDS 之间。热水解后，EPS 破碎，组成 EPS 的多糖、蛋白质等大分子发生水解，使得污泥的黏度下降，自由水含量增加，颗粒软度下降，硬度增加；与原污泥相比，热水解污泥更接近于无机粒子系统，因此热水解污泥在过滤过程中形成的滤饼压缩性降低，渗透率提高，从而改善污泥过滤性能[109]。经 170℃、60min 热水解的热水解污泥其 SRF 从 4.6×10^{13} m/kg 降至 2.8×10^{12} m/kg；压缩系数从 1.1 下降到 0.7；过滤 60min 时，料浆处理量从 1185g 增至 6119g；滤液质量从 667g 显著增加到 5092g，增幅达 7 倍。过滤结束后在 4MPa 的机械挤压下滤饼固含量从原污泥的 28% 显著增至 67%，压榨曲线与无机颗粒悬浮系统类似[107]。

2.6.3 热水解产生的氨氮对厌氧消化的影响

氨氮是厌氧消化反应的抑制物之一，自由氨浓度对厌氧消化 pH 值的上限具有决定性作用。NH_4^+ 浓度能够抑制沼气的产生，氨的毒性对厌氧消化速率的限制作用是当前设备设计需要考虑的因素之一。因此为降低氨氮对消化过程的影响，需对热水解污泥进行稀释。处理混合污泥（初沉污泥和剩余活性污泥）的污水处理厂，消化反应器进料固相浓度控制在 10% 左右较合适，然而由于剩余活性污泥的氨氮含量较高，故仅针对剩余活性污泥的消化系统，其进料固含量应有所降低[110]。但也有学者指出，自由氨浓度对甲烷产气量的影响并不严重；当总氨氮的浓度高达 2900mg/L（pH=7.8）甚至 4000mg/L 时，也并未发现氨氮的抑制作用[111,112]。

纵观涉及氨抑制作用的相关文献，得出氨能够起到抑制作用的浓度范围相当大。氨对消化的抑制作用受外界影响显著，主要包含 pH 值、菌群、温度、养分含量以及培养液等，故仅考虑氨浓度对消化的抑制作用，则略显片面。

降低消化反应中氨毒性的方法可归结为以下几种。

1）降低消化停留时间　降低消化停留时间能够降低氨的毒性，随着消化停留时间的延长总氨氮逐渐提高，当负荷为 $5.5kgVS/(m^3 \cdot d)$，停留时间分别为 10d、15d 和 18d 时，总氨氮浓度分别为 1500mg/L、2500mg/L 和 3000mg/L，自由氨浓度分别为 56mg/L、180mg/L 和 266mg/L。同时碱度随消化停留时间延长的变化趋势与总氨氮相似（pH 值分别为 7.4、7.7 和 7.8），然而沼气产量并未出现明显的差异。表明自由氨浓度介于 56～266mg/L 之间时对消化特性并无负作用，由于蛋白质降解将导致 pH 值升高，沼气产量降低，故大部分多糖和脂类材料降解而蛋白质未降解时所需的时间为最佳液相停留时间[112]。

2）进入消化反应器的物料应富含碳　热水解过程中当脂肪、油和油脂贡献 50％化学需氧量时，pH 值仅降低 0.1 个单位；然而当食品废弃物对化学需氧量的贡献量为 25％时，pH 值降低 0.1 个单位，自由氨浓度将降低 20％[110,113]。

3）降低消化温度　消化反应器置于热水解工艺下游时，其操作温度大都维持在 40℃左右；未装热水解装置时，其消化反应可降为典型的中温消化，消化温度基本维持在 33～35℃，自由氨浓度降低 25％～30％。

自由氨对沼气产量的抑制作用远远小于污泥组成、污泥流变行为等其他因素的影响，对热水解污泥进行稀释以降低氨毒性仍是目前消化反应器的一种保守设计方案。

2.6.4　热水解对污泥其他行为的影响

2.6.4.1　难降解有机物的产量

难降解有机物是指微生物在任何条件下较难降解甚至不能降解的有机物。污水处理中的难降解有机物主要包含腐殖酸、烷基苯磺酸和酚类等。在污水处理过程中，厌氧消化反应器的进料通常由分子量极低（<0.5kDa）的微生物组成，同时呈现显著的非正态分布，而流出物的分子量呈双峰分布，极低值小于 1kDa，极高值大于 10kDa[114]。

热水解工艺致使污泥中产生了类黑精等产品，提高了难降解有机物的产量，同时提高了流出物中氮的含量。类黑精呈茶褐色甚至黑色，分子量大，是氨基化合物（氨基酸和蛋白质）与还原糖之间发生的美拉德反应的产物，产生温度通常高于 140℃[115～117]。由于食品废弃物中糖类和蛋白质的浓度较高，因此其热水解产生的类黑精物质较多，进而降低了沼气产量[118]。同时由于类黑精这类物质呈现茶褐色，故干扰了厌氧消化过程中对沼气的紫外线消毒。

　　然而，目前尚未确定产生类黑精的糖类和氨基酸浓度。另外，降低热水解的操作温度能够减少色素的形成，当热水解温度从 165℃ 降至 140℃ 时，色度从 12700mg/L（PCU）降至 3800mg/L（PCU），但对其下游厌氧消化过程的沼气产量影响甚微，故污水处理厂应适当降低热水解温度[119]。

2.6.4.2　污泥粒径

　　热水解过程中由于蒸气骤然释放，压力下降，导致粒径降低[103,120～122]。然而，热水解过程中温度升高加剧了化学键之间的结合反应，颗粒之间的相互作用增加，故有研究指出热水解后消化污泥的体积平均粒径从 $36\mu m$ 增至 $77\mu m$[123]。虽然热水解和超声波处理都能够降低污泥的颗粒粒径，但其反应机理完全不同。热水解溶解了大量包裹在菌胶团表面的胞外聚合物，污泥中有机大分子发生水解，结合水被释放为自由水，黏弹性降低，压缩性降低导致污泥脱水性能提高。而超声波预处理仅仅通过超声波将细胞或胞外聚合物打碎进而降低粒径，但由于颗粒比表面积的增大亦增加了颗粒之间的相互作用以及水分子在颗粒表面的附着，使得污泥的非牛顿流体行为更加明显，导致脱水性能下降。

　　由于粒径在污水处理过程中极其重要，对污泥的流体力学特性（主要包括黏度、黏弹性等）、脱水特性等影响显著，因此开展厌氧消化对污泥粒径及脱水特性的影响研究尤为必要。

2.6.4.3　起泡

　　厌氧消化池中的泡沫通常由污泥颗粒表面液膜所包围的气泡累积而成。表面活性剂、污泥中的微丝菌和戈登氏菌、温度、有机负荷、气相环境等均会影响厌氧消化过程中气泡的产生。泡沫的出现导致气体的传递效率降低，能耗增加；同时泡沫亦导致消化池内污泥浓度呈逆向分布，进而死区增加，有效体积减小，不利于工艺的稳定运行。由于热水解的高温使污泥中的戈登氏菌、丝状菌以及红球菌等失活，因此其厌氧消化过程中的泡沫明显减少。同时，由于热水解降低了污泥黏度，故液体在液膜间的流动阻力降低，流动性增强，泡沫之间流动损失增大，导致气泡容易破裂[124]。

2.6.4.4 厌氧消化滞留时间

由于热水解有助于污泥中有机物水解率的提高，进而提高产气速率，即产生相同气量时热水解污泥所需时间较短；同时热水解过程中多糖的水解先于蛋白质的水解，氨氮浓度及碱度随消化时间的延长而增加，故热水解耦合厌氧消化工艺所需的厌氧消化停留时间较不存在热水解工艺的时间短[125]。

在温度为 60～180℃，热水解 15～80min 的不同条件下，加速沼气产生的最佳厌氧消化停留时间为 10d。当热水解反应温度为 140℃，厌氧消化缩短为 10d 时，与未经热水解的污泥相比其沼气产量提高了 70%；厌氧消化时间延至 20d 时，二者之间的差异降至 25% 以下。即当厌氧消化停留时间较短时，热水解技术提高产气量的优势较显著，其 10d 的沼气产量约为 20d 的 95%，而未经热水解的污泥其 10d 的沼气产量约为 20d 的 2/3[126]。在英国，热水解与厌氧消化耦合的污水处理工厂，其消化时间大都控制在 12d，且效果良好[127]。

2.6.5 热水解技术发展方向

尽管热水解技术已商业化超过 20 年，然而目前该技术仍具有广阔的发展空间。欧洲一直摒弃将初沉污泥和活性污泥混合后再进行热水解的工艺，而只针对活性污泥进行热水解。虽然不论是否对初沉污泥进行热水解，系统产气量均相近。然而随着对能量要求及系统装置规模要求的提高，只对活性污泥进行热水解的工艺系统显得更加具有优势。

热水解的发展将逐步回归其起源，即提高污泥的脱水能力。2013 年中国的 Qiao 等对热水解工艺路线进行调整，即热水解污泥首先经压滤机脱水，随后脱水滤饼进入焚烧炉焚烧，滤液进入管式床层厌氧消化反应器进行消化，指出当加载速率为 $11kgCOD/(m^3 \cdot d)$ 时，消化 60h 后 COD 的去除率达 63%[128]。热水解其他的研究方向主要包括采用化学破胶剂及其他辅助技术以达到降低热水解温度的目的[129]。为提高热水解的效率，优化下游厌氧消化的结构也是将来发展的主要方向。

2.7 联合调理技术

联合调理技术主要包括化学调理剂的复合使用，物理调理和化学调理联用技术，如热水解过程中加入化学药剂如热酸法、热碱法，超声波与碱的协同作用，微波与碱的联合等。不同破解方式的联合应用对污泥的脱水性能、生物降解性能、滤饼含水率均有较显著影响。

表 2-8 列出了热酸、热碱预处理污泥作用效果[130]。

表 2-8 热酸、热碱预处理污泥作用效果

试剂	温度/℃	时间	结论
H_2SO_4	121	5h	75%～80%的固相溶解
H_2SO_4	120	5h	65%～70%的固相溶解
H_2SO_4	150～200	15～40min	改善调理
KOH	150～200	15～40min	阻碍调理
HCl	175～200	1h	52%～54%的 COD 溶解
NaOH	175～200	1h	54%～55%的 COD 溶解
$Ca(OH)_2$	175	1h	40%的 COD 溶解
H_2SO_4	60～90	1～20min	显著提高污泥脱水性能
NaOH	20～40	0.5～24h	45%的 COD 溶解，产气量增加了 112%
H_2SO_4	165	75min	滤饼固含＞65%DS
H_2SO_4	150～160	1h	显著提高污泥脱水性能
H_2SO_4	90	1h	50%～60%的固相溶解，滤饼固含＞50%DS
NaOH	95	1h	55%～65%的有机固相溶解，滤饼固含＞43%DS

另外超声波与碱协同作用加强了超声对污泥的破解作用[131,132]，空化效应导致的高温高压，以及空化气泡破灭时形成的强大的水力剪切力和较强的搅拌作用，均有助于碱与污泥中脂类的接触，促进了水解作用的进行，从而改善了污泥的破解效果[133]。

2.7.1 化学絮凝剂的复合使用

对絮凝剂进行合理的复合使用，不仅可以降低污泥调理的综合费用，还可以发挥各种絮凝剂的优点，提高脱水性能。如无机絮凝剂和两性聚合物复合使用时，可先添加无机絮凝剂、通过电中和作用使污泥脱稳，然后加入两性高分子絮凝剂进行脱水，这样可以降低两性有机高分子絮凝剂的投加量，形成高强度的絮凝体；阳离子型聚合物和非离子型聚合物联合使用时，先加入阳离子型聚合物，使其吸附在污泥表面，形成初级絮体，再加入非离子型聚合物，通过水的亲和力和范德华力，吸附在初级絮体上，从而形成更大的絮体。由于阳离子型、两性型絮凝剂都有较好的脱水效果，为了进一步降低投加量，提高絮凝性，可以采用两类絮凝剂联用的方法进行污泥脱水。

目前，化学药剂，如铝盐、三氯化铁、硫酸亚铁和聚合电解质等常被用于改善污泥的脱水性能，尤其是聚合电解质在污泥脱水预处理上的应用更为广泛。例如，Wantanabe 等[134] 用两性高分子电解质对污泥进行脱水预处理时发现，脱水滤饼的含水率较传统预处理（阳离子、阴离子高分子电解质的联合或单独的预处理）要低 2%～5%。罗鑫[135] 以城市污泥为研究对象，采用氯化铁、聚丙烯酰胺与生石灰联合投加对污泥进行预处理，指出氯化铁与生石灰或氯化铁与聚丙烯酰胺的联合调理比单独调理污泥的比阻明显降低。陈晓欢[136] 以消化离心脱水后的剩余污泥作为研究对象，得出粉煤灰与生石灰复合联用的脱水效果优于单独投加一种药剂的效果，经真空抽滤处理后污泥含水率下降到 60% 左右。赵可江等[137] 指出单独采用生石灰调理污泥时，当其添加量为 15%（生石灰质量与污泥中干固相质量比）时，经真空抽滤后滤饼含水量为 53.2%；单独采用聚合硫酸铁调理时，当其添加量为 10%（聚合硫酸铁质量与污泥中干固相质量比）时，滤饼含水量为 79.9%；而采用生石灰和聚合硫酸铁联合调理时，滤饼含水量与生石灰单独调理时相似，为 53.2%～55.1%，但是过滤比阻显著下降。章继龙等[138] 利用粉煤灰改善对苯二甲酸（PTA）化工废水剩余污泥的性质进行了系统研究，结果表明，絮凝剂 PAM、粉煤灰与干污泥的最佳投放量（质量比）1∶125∶300 时，污泥的絮凝沉降性能和在带式压滤机上的助滤效果得到了有效提高。上清液 COD 的质量浓度由原来的 1500～2000mg/L 降至 200mg/L 左右，泥饼含水率不大于 85%，产泥量由原来的 30～50kg/h 增加到 1000kg/h。

2.7.2 物理调理和化学调理联用

传统物理调理主要包括热水解和冻融调理、超声波调理和微波调理技术。目前，国内外对热水解研究较多，冻融调理技术受气候条件的限制难以推广使用。由于超声波在水中产生的各种效应十分复杂；微波处理污泥时要注意污泥量的控制，同时微波对人体有害，调理时还要注意密封性。基于单独的物理调理或化学调理技术有一定的缺陷性，近年来出现了物理调理和化学调理联用技术。

于洁[139] 将氯化钙与热水解联合调理污泥以降低热水解的温度，指出 $CaCl_2$ 能进一步促进污泥的脱水，当 $CaCl_2$ 的投加量为 20.0mg/g DS（生石灰质量与污泥中干固相质量比）可避免单一热水解低于转折温度时出现的脱水性能恶化现象。随着反应温度升高和 $CaCl_2$ 投加量的增加，脱水性能不断改善；当 $CaCl_2$ 投加量超过 60.0mg/g DS 时脱水性能趋于稳定。

高雯等[140] 以某石化公司污水处理厂的污泥作为研究对象，研究了臭氧、超声和生物质 3 种方式，单独及组合调理对污泥脱水性能的影响。研究指出，超声处理污泥，滤饼含水率在 77.60%～84.28% 波动。臭氧氧化处理污泥，滤饼含水率先降后增，最高可达到 77.36%。当生物质的投加量为 1∶3.5 时，污泥含水率为 77.1%。臭氧-超声-生物质组合调理，能大幅提升污泥脱水性能，最佳组合调理参数为：臭氧投加量 0.03g/gDS，超声时间 60s、生物质投加量 3.0g，此时污泥滤饼含水率下降到 57.91%，比阻值比单独调理时的比阻降低 80% 左右。臭氧、超声和生物质具有较好的协同增效作用，组合联用能有效破坏污泥内部菌体结构，防止污泥团聚，提高污泥脱水性能。

薛向东等[141] 在固定频率为 25kHz、不同声强及作用时间下，考察和比较了超声预处理前后污泥结合水及过滤比阻的变化，并就超声预处理污泥的絮凝脱水性能进行了相关测试。当声强较低（0.1～0.15W/mL）、时间较短（2～3min）的超声预处理可有效降低污泥的结合水量及过滤比阻；当药剂投加量相同时，经超声预处理的污泥絮凝脱水性能明显优于未预处理的污泥。

尽管在污泥物理调理和化学药剂联用调理方面有关人员已经进行了大量的探索与研究，但其作用的机理还有待进一步的探究。另外，将微生物絮凝剂与化学絮凝剂复合使用，不仅能获得更好的净化效果，而且可大大降低絮凝剂用量。

参考文献

[1] 王绍文，秦华. 城市污泥资源利用与污水土地处理技术 [M]. 北京：中国建筑工业出版社，2007.

[2] Kawasaki K，Matsuda A，Mizukawa Y. Compression characteristics of excess activated sludge treated by freezing-and-thawing process [J]. Journal of Chemical Engineering of Japan，1991，24 (6)：743-748.

[3] 田禹，王宁. 冻结熔融法对大豆类食品污水污泥脱水性能的影响及应用研究 [J]. 环境工程，2004，22（2）：9-12.

[4] 黄玉成. 自然冻融法对污泥沉降性能和脱水性能研究 [M]. 苏州：苏州科技学院，2009.

［5］ Kawasaki K，Matsuda A，Mizukawa Y. Compression characteristics of excess activated sludge treated by freezing-and-thawing process［J］. Journal of Chemical Engineering of Japan，1991，24 (6)：743-748.

［6］ Vesilind P A，Martel C J. Freezing of water and wastewater sludges［J］. Journal of Environmental Engineering，1990，116 (5)：854-862.

［7］ Lee D J. Fast Freeze/Thaw Treatment on Excess Activated Sludges：Floc Structure and Sludge Dewaterability［J］. Environment Science Technology，1994，28 (8)：1444-1449.

［8］ Parker P J，Collins A G，Dempsey J P. Effects of Freezing Rate，Solids Content，and Curing Time on Freeze/Thaw Conditioning of Water Treatment Residuals［J］. Environment Science and Technology，1998，32 (3)：383-387.

［9］ Parker P J，Collins A G. Ultra-Rapid Freezing of Water Treatment Residuals［J］. Water Research，1999，33 (10)：2239-2246.

［10］ Chun K L，Chen G H，Lo M C. Salinity effect on freeze/thaw conditioning of activated sludge with and without chemical addition［J］. Separation and Purification Technology，2004，34 (1-3)：155-164.

［11］ Chu C P，Lee D J，Peng X F. Structure of conditioned sludge flocs［J］. Water Research，2004，38 (8)：2125-2134.

［12］ Saveyn H，Curvers D，Jacobsen R，et al. Improved dewatering by freeze-thawing of pre-dewatered sludge cakes［J］. Asia-Pacific Journal of Chemical Engineering，2010，5 (12)：798-803.

［13］ Gao W. Freezing as a combined wastewater sludge pretreatment and conditioning method［J］. Desalination，2011，268 (1-3)：170-173.

［14］ Chisti Y S，MOO-Young M. Disruption of microbial cells for intracellular products［J］. Enzyme Microbal Technology，1986，8 (4)：194-204.

［15］ Bunge F，Pietzch M，Müller J，et al. Mechanical disruption of Anthrobacter sp. DSM3747 stirred ball mills for the release of hydantoin-cleaving enzymes［J］. Chemical Engineering Science，1992，47 (1)：225-232.

［16］ Müller J. Disintegration as a key step in sewage sludge minimization［J］. Water Science and Technology，2000，41 (8)：123-130.

［17］ Rai C L，Müller J，Struenkmann G，et al. Microbial growth reduction in sewage sludge by stirred ball mill disintegration and estimation by respirometry［J］. Journal of Chemical Technology and Biotechnology，2008，83 (3)：269-278.

［18］ Chio H B，Hwang K Y，Shin E B. Effect on anaerobic digestion of sewage sludge pretreatment［J］. Water Science and Technology，1997，35 (10)：207-211.

［19］ Ewa W. Application of microwaves for sewage sludge conditioning［J］. Water Research，2005，39 (19)：4749-4754.

［20］ Yu Q，Lei H Y，Yu G W，et al. Influence of microwave irradiation on sludge dewaterability［J］. Chemical Engineering Journal，2009，155 (1-2)：88-93.

[21] 田禹，方琳，黄君礼.微波辐射预处理对污泥结构及脱水性能的影响 [J].中国环境科学，2006，26 (4)：459 -463.

[22] 方琳.微波能作用下污泥脱水和高温热解的效能与机制 [D].哈尔滨：哈尔滨工业大学，2007.

[23] 乔玮，王伟，徐衣显，等.碱辅助条件下的污泥微波热水解特性研究 [J].环境科学，2009，30 (9)：2678-2683.

[24] Chu C P，Chang B V，Liao G S，et al. Observations on changes in ultrasonically treated waste-activated sludge [J]. Water Research，2001，35 (4)：1038-1046.

[25] Yin X，Lu X P，Han P F，et al. Ultrasonic treatment on activated sewage sludge from petro-plant for reduction [J]. Ultrasonics，2006，44 (增刊 1)：397-399.

[26] Na S，Kim Y U，Khim J. Physiochemical properties of digested sewage sludge with ultrasonic treatment [J]. Ultrasonic Sonochemistry，2007，14 (3)：281-285.

[27] Kim Y U，Kim B I. Effect of ultrasound on dewaterability of sewage sludge [J]. Japanese Journal of Applied Physics，2003，42 (9A)：5898-5899.

[28] Feng X，Deng J C，Lei H Y，et al. Dewaterability of waste activated sludge with ultrasound conditioning [J]. Bioresource Technology，2009，100 (3)：1074-1081.

[29] Dewil R，Baeyens J，Goutvrind R. The use of ultrasonics in the treatment of waste activated sludge [J]. Chinese Journal of Chemical Enginering，2006，14 (1)：105-113.

[30] Wang F，Wang Y，Ji M. Mechanisms and kinetics models for ultrasonic waste activated sludge disintegration [J]. Journal Hazard Materials，2005，123 (1-3)：145-150.

[31] Dewil R，Baeyens J，Goutvrind R. Ultrasonic treatment of waste activated sludge [J]. Environmental Progress，2006，25 (2)：121-128.

[32] Wang F，Ji M，Lu S. Influence of ultrasonic disintegration on the dewaterability of waste activated sludge [J]. Environmental Progress，2006，25 (3)：257-260 .

[33] 王芬.超声破解对污泥特性的影响机制与零剩余污泥排放工艺研究 [D].天津：天津大学，2006.

[34] 李兵，张承龙，赵由才.污泥表征与预处理技术 [M].北京：冶金工业出版社，2010.

[35] 陈斌，高华生，季文杰，等.木屑对印染污泥过滤脱水的调理作用及其机理研究 [J].宁波大学学报（理工版），2018，31：109-114.

[36] 蒋绍阶，梁建军.净水中残余铝的危害与控制 [J].重庆建筑大学学报，1999，21 (6)：27-30.

[37] 穆丹琳，徐慧，肖锋，等.污泥调理对给水污泥脱水性能的影响 [J].环境工程学报，2016，10 (10)：5447-5452.

[38] 周国强，欧阳亿欣，郭宏伟，等.污泥调理对其脱水性能的实验研究 [J].环境工程，2015，33：570-573.

[39] US89716497A [P]，1999-11-2.

[40] 郑怀礼，王薇，蒋绍阶，等.阳离子聚丙烯酰胺的反相乳液聚合 [D].重庆大学学报.2011，7：96-101.

[41] 马赫.软固体类凝胶过滤脱水及流变机理研究 [D].太原：太原科技大学，2019.

［42］ 刘宏. CPAM污泥脱水絮凝剂的制备、性能及机理研究［D］. 重庆：重庆大学，2007.

［43］ JP2002001337［P］，2000-07-11.

［44］ 鲁红，冯大春. 季铵盐有机高分子絮凝剂的分散聚合及应用研究［J］. 化学推进剂与高分子材料，2005，3（2）：32-35.

［45］ Zeng F Q，Shen Y Q，Zhu S. Synthesis of comb-branched polyacrylamide with cationic poly［（2-dimethylamino）ethyl methacrylate dimethylsulfate］［J］. Journal of Polymer Science：Part A：Polymer Chemistry，2002，40（14）：2394-2405.

［46］ 李多松，康东正，尤伟红，等. KHYC型絮凝用于污泥脱水处理的研究［J］. 工业水处理，1997，17（5）：22-25.

［47］ 汪晓军，肖锦. 双氰胺-甲醛絮凝剂对活性污泥的脱水性能研究［J］. 重庆环境科学，1997，19（2）：52-54.

［48］ JP03189000［P］，1991-08-16.

［49］ CA 2425791［P］，2009-09-29.

［50］ KR20040031014［P］. 2004-04-09.

［51］ 卢绍杰，李慧湘，王素芝，等. 两性淀粉的制备及性能［J］. 天津大学学报，1996，29（2）：265-272.

［52］ Hong K N，Samuel P Meyers. Application of Chitosan for Treatment of Wastewater［J］. Reviews of Environmental Contamination and Toxicology，2000，163：1-27.

［53］ US3459632［P］. 1969-08-05.

［54］ Sun X，Yang H Z. Sewage Sludge Disintegration Using Ozone-A Method of Enhancing the Anaerobic Stabilization of Sewage Sludge［J］. Jiangsu Environmental Science and Technology，2004，17（3）：20-23.

［55］ Erden G，Demir O，Filibeli A. Disintegration of biological sludge：Effect of ozone oxidation and ultrasonic treatment on aerobic digestibility［J］. Bioresource Technology，2010，101：8093-8098.

［56］ 万金保，吴声东，江水英. 臭氧化污泥减量技术的研究进展［J］. 化工进展，2007，26（11）：1583-1586.

［57］ Kwon J H，Ryu S H，Park K Y，et al. Enhancement of sludge dewaterability by ozone treatment［J］. Journal of the Chinese Institute of Chemical Engineers，2001，32（6）：555-558.

［58］ Sievers M，Schaefer S. The impact of sequential ozonation-aerobic treatment on the enhancement of sludge dewaterability［J］. Water Science and Technology，2007，55（12）：201-205.

［59］ Neyens E，Baeyens J，Weemaes M，et al. Pilot-scale peroxidation（H_2O_2）of sewage sludge［J］. Journal of Hazardous Materials，2003，98（1-3）：91-106.

［60］ Neyens E，Baeyens J. A review of classic Fenton's peroxidation as an advanced oxidation technique［J］. Journal of Hazardous Materials，2003，98（1-3）：33-50.

［61］ Neyens E，Baeyens J，Weemaes M，et al. Advanced biosolids treatment using H_2O_2 oxidation［J］. Environmental Engineering and Science，2002，19（1）：275-293.

[62] 陈红，李响，高品，等.当前印染废水处理中的关键问题 [J].工业废水处理，2015，10：16-19.

[63] Maha A T，Zhao Y Q，Aghareed M T. Exploitation of Fenton and Fenton-like reagent as alternative conditioners for alum sludge conditioning [J]. Journal of Environmental Sciences，2009，21：101-105.

[64] Lu M C，Lin C J，Liao C H，et al，Huang R Y. Influence of pH on the dewatering of activated sludge by Fenton's reagent [J]. Water Science and Technology，2001，44（10）：327-332.

[65] Chen Y，Yang H，Gu G. Effect of acid and surfactant treatment on activated sludge dewatering and settling [J]. Water Research，2001，35（11）：2615-2620.

[66] 何文远，杨海真，顾国维.酸处理对活性污泥脱水性能的影响及其作用机理 [J].环境污染与防治，2006，28（9）：680-682.

[67] Rajan R V，Lin J G，Ray B T. Low-level chemical pretreatment for enhanced sludge solubilization [J]. Journal of Chemical Technology and Biotechnology，1989，61（11-12）：1678-1683.

[68] Lin J G，Chang C N，Chang S C. Enhancement of anaerobic digestion of waste activated sludge by alkaline solubilizafion [J]. Bioresource Technology，1997，62（3）：35-42.

[69] 孙德智，于秀娟，等.环境工程中的高级氧化技术 [M].北京：化学工业出版社，2002.

[70] Park Y G. Impact of ozonation on biodegradation of trihalomethanes inbiological filtration system [J]. Journal of Industry Engineering，2001，7（6）：349-357.

[71] 胡玉平，夏璐，张旭东.微生物絮凝剂在废水处理中的应用研究进展 [J].广西轻工业，2006，6：102-104.

[72] 薛西改，郝雯，宋丽芝，等.微生物絮凝剂在废水处理中的应用 [J].河北工业科技，2010，27（1）：60-62.

[73] 张超，陈文兵，武道吉.微生物絮凝剂在废水处理中的应用 [J].化工技术与开发，2013，42（9）：49-52.

[74] Yang Q，Luo K，Liao D，et al. A novel bioflocculant produced by Klebsiella sp. and its application to sludge dewatering [J]. Water and Environment Journal，2012，26（4）：560-566.

[75] 杨思敏，尹华，叶锦韶.黑曲霉分泌微生物絮凝剂的效果及其絮凝特性 [J].暨南大学学报：自然科学与医学版，2014，35（1）：26-31.

[76] 张娜，尹华，秦华明.微生物絮凝剂改善城市污水厂浓缩污泥脱水性能的研究 [J].环境工程学报，2009，3（3）：525-528.

[77] 赵继红，杨劲松，王清宁.微生物絮凝剂改善污泥脱水性能的研究 [J].环境科学与技术，2009，32（11）：88-90.

[78] Bougrier C，Delgenes J P，Carrere H. Effects of thermal treatments on five different waste activated sludge samples solubilisation，physical properties and anaerobic digestion [J]. Chemical Engineering Journal，2008，139（2）：236-244.

[79] Wilson C A，Tanneru C T，Banjade S，et al. Anaerobic Digestion of Raw and Thermally Hydrolyzed Wastewater Solids Under Various Operational Conditions [J]. Water Environment Re-

search，2011，83（9）：815-825.

［80］ Brooks R B. Heat treatment of sewage sludge［J］. Journal of Water Pollution Control Federation，
1970，69（2）：221-231.

［81］ Xu C C，Lancaster J. Treatment of Secondary Sludge for Energy Recovery［J］. Energy recov-
ery，Nova Science Publishers Inc. New York，2009：187-211.

［82］ Lancastre R. Thermal Hydrolysis at Davyhulme WWtW One Year on［C］. Proceedings of WEF
Residuals and Biosolids . Water and Environment federation，Washington DC. 2015.

［83］ Panter K. Thermal hydrolysis，anaerobic digestion and dewatering of sewage sludge as a best
first step in sludge strategy：full scale examples in large projects in the UK and Ireland［C］.
Presented at 4th Municipal Water Quality Conference，2013.

［84］ Barber W P F，Peot C，Murthy S，et al. The potential for Co-digestion of organics using ther-
mal hydrolysis at blue plains advanced wastewater treatment works［C］. Proceedings of WEF Re-
siduals and Biosolids. Water Environment Federation，Washington DC. 2015.

［85］ Mills N，Pearce P，Farrow J，et al. Environmental and economic life cycle assessment of cur-
rent and future sewage sludge to energy technologies［J］. Waste Management，2014，34（1）：
185-195.

［86］ Phothilangka P，Schoen M A，Wett B. Benefits and drawbacks of thermal pre-hydrolysis for op-
erational performance of wastewater treatment plants［J］. Water Science and Technology，2008，
58（8）：1547-1555.

［87］ Oosterhuis M，Ringoot D，Hendriks A，et al. Thermal hydrolysis of waste activated sludge at
Hengelo wastewater treatment plant，The Netherlands［J］. Water Science and Technology，
2014，70（1）：1-7.

［88］ Bos M B，de Vries J H M，Feskens E J M，et al. Effect of a high monounsaturated fatty acids
diet and a Mediterranean diet on serum lipids and insulin sensitivity in adults with mild abdominal
obesity［J］. World journal of Urology，2010，20（8）：591-598.

［89］ Wilson C A，Murthy S M，Fang Y，et al. The effect of temperature on the performance and
stability of thermophilic anaerobic digestion［J］. Water Science and Technology，2008，57（2）：
297-304.

［90］ Vladimir K，David G M，Ivana N，et al. A Role for Ubiquitin in Selective Autophagy［J］. Mo-
lecular Cell，2009，34（3）：259-269.

［91］ Mills N，Martinicca H，Fountain P，et al. Second generation thermal hydrolysis process［C］.
18th European Biosolids And Biowastes Conference，Manchester，UK. 2013.

［92］ Shana A，Fountain P，Mills N，et al. Sas only THP with series digestion—More options for en-
ergy recovery［C］. 18th European Biosolids and Biowastes Conference，Manchester，UK. 2013.

［93］ Gurieff N，Bruus J，Hoejsgaard S，et al. Maximizing energy efficiency and biogas production：
EXELYS[TM]econtinuous thermal hydrolysis［J］. Process water environment federation，2011，
17：642-656.

［94］ Chapman T，Muller C. Impact of series digestion on process stability and performance ［J］. Process water environment federation，2010，(4)：167-178.

［95］ Rawlinson D，Halliday S，Garbutt S，et al. Advanced digestion plant at Bran Sands design and construct experiences ［C］. Proceedings of Aquaenviro's 14th European Biosolids and Organic Resources Conference and Exhibition，Leeds，UK. 2009.

［96］ Pickworth B，Adams J，Panter K，et al. Maximising biogas in anaerobic digestion by using engine waste heat for thermal hydrolysis pretreatment of sludge ［J］. Water Science and Technology，2006，54 (5)：101-108.

［97］ Kleiven J. Measuring Leisure and Travel Motives in Norway：Replicating and Supplementing the Leisure Motivation Scales ［M］. Tourism Analysis，2005，10 (2)：109-122.

［98］ Merry J，Oliver B. A comparison of real ad plant performance：howdon，bran sands，cardiff and afan ［C］. Proceedings of Aquaenviro's 20th European Biosolids and Organic Resources Conference and Exhibition，Manchester，2015，UK.

［99］ Edgington R，Belshaw D，Lancaster L. Thermal Hydrolysis at Davyhulme WWtW—One Year on ［C］. Proceedings of WEF Residuals and Biosolids . Water and Environment federation，Washington DC. 2015.

［100］ 冯国红. 城市污泥调质脱水及流动行为机理研究 ［D］. 天津：天津大学，2014.

［101］ Nicky E，Flora M，Shao D Y，et al. Rheological characterisation of municipal sludge：A review ［J］. Water Research，2013，47 (15)：5493-5510.

［102］ Lotito V，Lotito A M. Rheological measurements on different types of sewage sludge for pumping design ［J］. Journal of environmental economics and management，2014，137：189-196.

［103］ Feng G H，Tan W，Zhong N，et al. Effects of thermal treatment on physical and expression dewatering characteristics of municipal sludge ［J］. Chemical Engineering Journal，2014，247：223-230.

［104］ Bougrier C，Albasi C，ELGENÉS J P，et al. Effect of ultrasonic，thermal and ozone pre-treatments on waste activated sludge solubilisation and anaerobic biodegradability ［J］. Chemical Engineering and Processing：Process Intensification，2006，45 (8)：711-718.

［105］ Baudez J C，Slatter P，Eshtiaghi N. The impact of temperature on the rheological behaviour of anaerobic digested sludge ［J］. Chemical Engineering Journal，2013，215：182-187.

［106］ Farno E，Baudez J C，Parthasathy R，et al. Rheological characterization of thermally-treated anaerobic digested sludge：impact of temperature and thermal history ［J］. Water Research，2014，56：156-161.

［107］ Feng G H，Tan W，Zhong N，et al. Effect of thermal hydrolysis on rheological behavior of municipal sludge ［J］. Industrial & engineering chemistry research，2014，53：11185-11192.

［108］ Higgins M，Beightol S，Mandaha U，et al. Effect of thermal hydrolysis temperature on anaerobic digestion，dewatering and filtrate characteristics ［C］. Proceedings of WEFTEC 2015，New Orleans.

[109] Neyens E，Baeyens J. A review of thermal sludge pre-treatment processes to improve dewaterability [J]. Journal of hazardous materials，2003，98（1）：51-67.

[110] Chen J L，Ortiz R，Steele T W，et al. Oxicants inhibiting anaerobic digestion：a review [J]. Biotechnology advances，2014，32（8）：1523-1534.

[111] Wilson C A，Murthy S M，Fang Y，et al. The effect of temperature on the performance and stability of thermophilic anaerobic digestion [J]. Water Science and Technology，2008，57（2）：297-304.

[112] Ngwenya Z，Beightol S，Ngone T，et al. A stoichiometric a roach to control digester chemistry and ammonia inhibition in anaerobic digestion with thermal hydrolysis pretreatment：model development [C]. Proceedings of WEF Residuals and Biosolids. Water environment federation，2015，Washington DC.

[113] Kayhanian M. Ammonia inhibition in high-solids biogasification：an overview and practical solutions [J]. Environmental technology，1999，20：355-365.

[114] Elizabeth A F，Kenneth N B，et al. Impact of interruptions and distractions on dispensing errors in an ambulatory care pharmacy [J]. American Journal of Health-System Pharmacy，1999，56（13）：1319-1325.

[115] Neyens E，Baeyens J. A review of classic Fenton's peroxidation as an advanced oxidation technique [J]. Journal of Hazardous Materials，2003，98（1-3）：33-50.

[116] Claire B，Jean P D. Effects of thermal treatments on five different waste activated sludge samples solubilisation，physical properties and anaerobic digestion [J]. Chemical Engineering Journal，2008，139（2）：236-244.

[117] Eugene C，Aaron A，Wei L，et al. Fusion Partner Toolchest for the Stabilization and Crystallization of G Protein-Coupled Receptors [J]. Structure，2012，20（6）：967-976.

[118] Elina T，Satu E，Teija P，et al. Anaerobic digestion of autoclaved and untreated food waste [J]. Waste Management，2014，34（2）：370-377.

[119] Dwyer J，Starrenburg D，Tait S，et al. Decreasing activated sludge thermal hydrolysis temperature reduces product colour，without decreasing degradability [J]. Water Research，2008，42（18）：4699-4709.

[120] Feng G H，Tan W. Effect of thermal hydrolysis temperature on sludge physical characteristic [J]. Water Science Technology，2015，72（11）：2018-2026.

[121] Barber W P F. The influence on digestion and advanced digestion on the environmental impacts of incinerating sewage sludge-a case study from the UK. Proc [J]. Water environment federation，2010，4：865-881.

[122] Neyens E，Baeyens J，Dewil R. Advanced sludge treatment affects extracellular polymeric substances to improve activated sludge dewatering [J]. Journal of hazardous materials，2004，106（2）：83-92.

[123] Bougrier C，Albasi C，Delgenes J P，et al. Effect of ultrasonic thermal and ozone pre-treat

ments on waste activated sludge solubilisation and anaerobic biodegradability [J]. Chemical Engineering and Processing: Process Intensification, 2006, 45 (8): 711-718.

[124] Fjordside C. Full scale experience of retrofitting thermal hydrolysis to an existing anaerobic digester for the digestion of waste activated sludge [C]. Proceedings of the Aqua-envio 16th Annual Residuals and Biosolids Management Conference, Manchester, UK. 2005.

[125] Claire B, Jean P D, Hélène C. Effects of thermal treatments on five different waste activated sludge samples solubilisation, physical properties and anaerobic digestion [J]. Chemical Engineering Journal, 2008, 139 (2): 236-244.

[126] Xue Y, Liu H, Chen S, et al. Effects of thermal hydrolysis on organic matter solubilization and anaerobic digestion of high solid sludge [J]. Chemical Engineering Journal, 2015, 264: 174-180.

[127] Pook M, Mills N, Hhitmann M, et al. Exploring the upper limits of thermal hydrolysis at Chertsey STW [C]. Proceedings of Aqua-enviro18th European Biosolids and Organic Residuals Conference and Exhibition, Manchester, UK. 2013.

[128] Qiao W, Yin Z, Wang W, et al. Pilot-scale experiment on thermally hydrolyzed sludge liquor anaerobic digestion using a mesophilic expanded granular sludge bed reactor [J]. Water Science and Technology, 2013, 68 (4): 948-955.

[129] Garrido B M, Molinos S M, Abelleira P J M. Selecting using environmental decision support systems [J]. Journal of Cleaner Production, 2015, 107: 410-419.

[130] Neyens E, Baeyens J. A review of thermal sludge pre-treatment processes to improve dewaterability [J]. Journal of Hazardous Materials, 2003, 98 (1-3): 51-67.

[131] Chiu Y C, Chang C N, Lin J G, et al. Alkaline and ultrasonic pre-treatment of sludge before anaerobic digestion [J]. Water Science and Technology, 1997, 36 (11): 155-162.

[132] Jean D S, Chang B V, Liao G S, et al. Reduction of microbial intensity level in sewage sludge through pH adjustment and ultrasonic treatment [J]. Water Science and Technology, 2000, 42 (9): 97-102.

[133] 杨虹, 王芬, 季民. 超声与碱耦合作用破解剩余污泥的效能分析 [J]. 环境污染治理技术与设备, 2006, 7 (5): 78-81.

[134] Wantanabe Y, Kubo K, Sato S. Application of amphoteric polyelectrolytes for sludge dewatering [J]. Langmuir, 1999, 15: 4157-4164.

[135] 罗鑫. 调理剂 $FeCl_3$ 与 PAM、CaO 联合作用于污泥脱水及机理研究 [D]. 杭州: 浙江工业大学, 2014.

[136] 陈晓欢. 基于粉煤灰复合调理剂对污泥脱水性能影响研究 [D]. 沈阳: 沈阳建筑大学, 2014.

[137] 赵可江, 王俊, 田振邦, 等. 污水处理厂污泥调理研究 [C]. 中国环境科学学会科学技术年会论文集, 2018: 2349-2352.

[138] 章继龙, 陈泽智, 等. 粉煤灰在精对苯二甲酸废水剩余污泥调理中的作用 [J]. 工业用水与废水, 2005, 36 (3): 62-64.

［139］于洁.热水解联合氧化钙改善活性污泥脱水性能［D］.杭州：浙江大学，2013.

［140］高雯，张凤娥，董良飞，等.臭氧、超声与生物质组合调理污泥脱水性能研究［J］.常州大学学报（自然科学版），2016，28：78-82.

［141］薛向东，金奇庭，朱文芳，等.超声预处理对污泥絮凝脱水性能的影响［J］.中国给水排水，2006，22（9）：101-105.

第 **3** 章

污泥物性测试方法

3.1 污泥基本物性参数测定方法

污泥的基本物性主要包括水分含量（包括自由水和结合水）、流变性、总固相含量（TS）、挥发性物质含量（VS）、总固相悬浮物含量（TSS）和挥发性悬浮物含量（VSS）、pH 值、粒径、污泥悬浮液的化学需氧量（COD）和生化需氧量（BOD_5）。TSS 指污泥样品经滤纸过滤后，浓缩物在 105℃烘箱内烘至恒重所余固体物质与样品总量的比值。VSS 为 TSS 中有机物的含量，是通过总固相悬浮物在 550℃马弗炉内灼烧至恒重，前后质量差与总固相悬浮物质量的比值。pH 值和粒度可采用相应的测试仪器测量，如激光粒度仪测粒径，酸度计测量 pH 值。

3.1.1 重铬酸盐法测定 COD

本方法适用于地表水、生活污水和工业废水中化学需氧量的测定。不适用于含氯化物浓度大于 1000mg/L（稀释后）的水中化学需氧量的测定。当取样体积为 10.0mL 时，本方法的检出限为 4mg/L，测定下限为 16mg/L。未经稀释的水样测定上限为 700mg/L，超过此限时须稀释后测定[1,2]。

3.1.1.1 方法与原理

化学需氧量（COD）是指在一定条件下，经重铬酸钾氧化处理时，水样中的溶解性物质和悬浮物所消耗的重铬酸盐相对应的氧的质量浓度，以 mg/L 表示。

在水样中加入已知量的重铬酸钾溶液，并在强酸介质下以银盐作催化剂，经沸腾回流后，以试亚铁灵为指示剂，用硫酸亚铁铵滴定水样中未被还原的重铬酸钾，由消耗的重铬酸钾的量计算出消耗氧的质量浓度。在酸性重铬酸钾条件下，芳烃和吡啶难以被氧化，其氧化率较低。在硫酸银催化作用下，直链脂肪族化合物可有效地被氧化。无机还原性物质如亚硝酸盐、硫化物和二价铁盐等将使测定结果增大，其需氧量也是 COD 的一部分。

3.1.1.2　试剂和材料

1）硫酸（H_2SO_4）　$\rho = 1.84g/mL$，优级纯。

2）重铬酸钾（$K_2Cr_2O_7$）　基准试剂。

3）硫酸银（Ag_2SO_4）　化学纯。

4）硫酸汞（$HgSO_4$）　化学纯。

5）硫酸亚铁铵 $[(NH_4)_2Fe(SO_4)_2 \cdot 6H_2O]$。

6）邻苯二甲酸氢钾（$KC_8H_5O_4$）。

7）七水合硫酸亚铁（$FeSO_4 \cdot 7H_2O$）。

8）浓硫酸：蒸馏水（体积比）：1:9。

9）重铬酸钾标准溶液。

① 浓度为 $c\left(\dfrac{1}{6}K_2CrO_7 = 0.250mol/L\right)$ 的重铬酸钾标准溶液：称取 12.258g 经 105℃ 烘干 2h 的 $K_2Cr_2O_7$ 溶于水中，移入 1000mL 容量瓶中，用水稀释至标线，摇匀；

② 浓度为 $c\left(\dfrac{1}{6}K_2CrO_7 = 0.0250mol/L\right)$ 的重铬酸钾标准溶液：将①中的溶液稀释 10 倍。

10）硫酸银-硫酸溶液　称取 10g 硫酸银，加到 1L 硫酸中，放置 1～2d 使之溶解，并摇匀，使用前小心摇动。

11）硫酸汞溶液　$\rho = 100g/L$，称取 10g 硫酸汞，溶于 100mL 硫酸溶液中，混匀。

12）硫酸亚铁铵标准溶液　$c[Fe(NH_4)_2 \cdot (SO_4)_2 \cdot 6H_2O] = 0.05mol/L$，称取 19.5g 分析纯 $Fe(NH_4)_2 \cdot (SO_4)_2 \cdot 6H_2O$ 溶解于水中，加入 10.0mL 浓硫酸，冷却后移入 1000mL 容量瓶中，用水稀释至标线，临用前用 0.250mol/L 的 $K_2Cr_2O_7$ 标准溶液标定，每日临用前都需要标定。硫酸亚铁铵标准溶液浓度按式(3-1) 计算。

$$C = \frac{5\text{mL} \times 0.25\text{mol/L}}{V} \tag{3-1}$$

式中 C——硫酸亚铁铵标准溶液的浓度，mol/L；

　　　V——标定消耗的硫酸亚铁铵标准溶液的体积，mL。

13）邻苯二甲酸氢钾标准溶液 $c(\text{KC}_8\text{H}_5\text{O}_4) = 2.0824\text{mmol/L}$，称取 105℃干燥 2h 的邻苯二甲酸氢钾 0.4251g 溶于水，并稀释至 1000mL，混匀。因为以重铬酸钾为氧化剂，将邻苯二甲酸氢钾完全氧化的 COD 值为 1.176g 氧/g（即 1g 邻苯二甲酸氢钾耗氧 1.176g），故该标准溶液理论的 COD 值为 500mg/L。

14）试亚铁灵指示剂 1,10-菲绕啉（1,10-phenanathroline monohydrate，商品名为邻菲罗啉、1,10-菲罗啉等）指示剂溶液。溶解 0.7g 七水合硫酸亚铁于 50mL 水中，加入 1.5g 1,10-菲绕啉，搅拌至溶解，稀释至 100mL。

15）防爆沸玻璃珠

3.1.1.3 仪器和设备

① 回流装置：磨口 250mL 锥形瓶的全玻璃回流装置，可选用水冷或风冷全玻璃回流装置，其他等效冷凝回流装置亦可；

② 加热装置：电炉或其他等效消解装置；

③ 分析天平：感量为 0.0001g；

④ 酸式滴定管：25mL 或 50mL；

⑤ 一般实验室常用仪器和设备。

3.1.1.4 实验步骤

（1）COD 浓度≤50mg/L

① 取 10.0mL 测定水样于锥形瓶中，依次加入硫酸汞溶液、5.00mL（浓度 0.025mol/L）重铬酸钾标准溶液和几颗防爆沸玻璃珠，摇匀。硫酸汞溶液按质量比 $m[\text{HgSO}_4]:m[\text{Cl}^-] \geqslant 20:1$ 的比例加入，最大加入量为 2mL。将锥形瓶连接到冷凝管下端，从冷凝管上端缓慢加入 15mL 硫酸银-硫酸溶液，以防止低沸点有机物的逸出，不断旋动锥形瓶使之混合均匀。自溶液开始沸腾起保持微沸回流 2h。若为水冷装置，应在加入硫酸银-硫酸溶液之前，通入冷凝水。回流冷却后，自冷凝管上端加入 45mL 水冲洗冷凝管，使溶液体积在 70mL 左右，取下锥形瓶。溶液冷却至室温后，加入 3 滴

试亚铁灵指示剂溶液，用硫酸亚铁铵标准溶液滴定，溶液的颜色由黄色经蓝绿色变为红褐色即为终点。记下硫酸亚铁铵标准溶液的消耗体积 V_1。如果样品浓度过低，可适当增加水样体积。

② 空白试验按①相同步骤以 10.0mL 试剂水代替水样进行空白试验，记录下空白滴定时消耗硫酸亚铁铵标准溶液的体积 V_0。

(2) COD 浓度＞50mg/L

取 10.0mL 测定水样于锥形瓶中，依次加入硫酸汞溶液、5.00mL（浓度 0.25mol/L）重铬酸钾标准溶液和几颗防爆沸玻璃珠，摇匀。其他操作与 COD 浓度≤50mg/L 的操作相同。待溶液冷却至室温后，加入 3 滴试亚铁灵指示剂溶液，用硫酸亚铁铵标准滴定溶液滴定，溶液的颜色由黄色经蓝绿色变为红褐色即为终点。记录硫酸亚铁铵标准滴定溶液的消耗体积 V_1。对于浓度较高的水样，可选取所需体积 1/10 的水样放入硬质玻璃管中，加入试剂，摇匀后加热至沸腾数分钟，观察溶液是否变成蓝绿色。如呈蓝绿色，应再适当少取水样，直至溶液不变蓝绿色为止，从而可以确定待测水样的稀释倍数。

空白试验与以上步骤相同，以 10.0mL 试剂水代替水样进行空白试验，记录下空白滴定时消耗硫酸亚铁铵标准溶液的体积 V_0。

3.1.1.5 计算方法

以 mg/L 计的水样化学需氧量计算式如式(3-2) 所列：

$$C_{COD} = \frac{C(V_1 - V_2) \times 8000}{V_0} \tag{3-2}$$

式中 C——硫酸亚铁铵标准溶液的浓度，mol/L；

      V_0——试样的体积，mL；

      V_1——空白试验所消耗的硫酸亚铁铵标准溶液的量，mL；

      V_2——试样测定所消耗的硫酸亚铁铵标准溶液的量，mL；

    8000——$\frac{1}{4}$O$_2$ 的摩尔质量以 mg/L 为单位的换算值。

当 COD 测定结果小于 100mg/L 时保留至整数位；当测定结果大于或等于 100mg/L 时，保留三位有效数字。

3.1.1.6 注意事项

① 质量保证和质量控制。空白试验的每批样品应至少做两个空白试验。

② 精密度控制。每批样品应做 10% 的平行样。若样品数少于 10 个，应至少做一个平行样。平行样的相对偏差不超过 ±10%。

③ 准确度控制。每批样品测定时，应分析一个有证标准样品或质控样品，其测定值应在保证值范围内或达到规定的质量控制要求，确保样品测定结果的准确性。

④ 废物处理实验室产生的废液应统一收集，委托有资质单位集中处理。

⑤ 消解时应使溶液缓慢沸腾，不宜爆沸。如出现爆沸，说明溶液中出现局部过热，会导致测定结果有误。爆沸的原因可能是加热过于激烈，或是防爆沸玻璃珠的效果不好。

试亚铁灵指示剂的加入量虽然不影响临界点，但应该尽量一致。当溶液的颜色先变为蓝绿色再变到红褐色即达到终点，几分钟后可能还会重现蓝绿色。

3.1.2　稀释与接种法测定 BOD$_5$

本方法参考 HJ 505—2009，适用于地表水、工业废水和生活污水中五日生化需氧量（BOD$_5$）的测定。方法的检出限为 0.5mg/L，方法的测定下限为 2mg/L，非稀释法和非稀释接种法的测定上限为 6mg/L，稀释与稀释接种法的测定上限为 6000mg/L[3]。

3.1.2.1　方法与原理

生化需氧量是指在规定的条件下，微生物分解水中的某些可氧化的物质，特别是分解有机物的生物化学过程消耗的溶解氧。通常情况下是指水样充满完全密闭的溶解氧瓶中，在（20±1）℃的暗处培养 5d±4h 或（2+5）d±4h［先在 0~4℃的暗处培养 2d，接着在（20±1）℃的暗处培养 5d，即培养（2+5）d］，分别测定培养前后水样中溶解氧的质量浓度，由培养前后溶解氧的质量浓度之差，计算每升样品消耗的溶解氧量，以 BOD$_5$ 表示。

若样品中的有机物含量较多，BOD$_5$ 的质量浓度大于 6mg/L，样品需适当稀释后测定；对不含或含微生物少的工业废水，如酸性废水、碱性废水、高温废水、冷冻保存的废水或经过氯化处理等的废水，在测定 BOD$_5$ 时应进行接种，以引进能分解废水中有机物的微生物。当废水中存在难以被一般生活污水中的微生物以正常的速度降解的有机物或含有剧毒物质时，应将驯化后的微生物引入水样中进行接种。

3.1.2.2 试剂和材料

1）水　实验用水为符合 GB/T 6682 规定的 3 级蒸馏水，且水中 Cu^{2+} 的质量浓度不大于 0.01mg/L，不含有氯或氯胺等物质。

2）接种液　可购买接种微生物用的接种物质，接种液的配制和使用按说明书的要求操作。也可按其他方法获得接种液，本书不再赘述。

3）磷酸盐缓冲溶液　将 8.5g 磷酸二氢钾（KH_2PO_4）、21.8g 磷酸氢二钾（K_2HPO_4）、33.4g 七水合磷酸氢二钠（$Na_2HPO_4 \cdot 7H_2O$）和 1.7g 氯化铵（NH_4Cl）溶于水中，稀释至 1000mL，此溶液在 0~4℃可稳定保存 6 个月。此溶液的 pH 值为 7.2。

4）硫酸镁溶液　$\rho(MgSO_4) = 11.0g/L$，将 22.5g 七水合硫酸镁（$MgSO_4 \cdot 7H_2O$）溶于水中，稀释至 1000mL，此溶液在 0~4℃可稳定保存 6 个月，若发现任何沉淀或微生物生长应弃去。

5）氯化钙溶液　$\rho(CaCl_2) = 27.6g/L$，将 27.6g 无水氯化钙（$CaCl_2$）溶于水中，稀释至 1000mL，此溶液在 0~4℃可稳定保存 6 个月，若发现任何沉淀或微生物生长应弃去。

6）氯化铁溶液　$\rho(FeCl_3) = 0.15g/L$，将 0.25g 六水合氯化铁（$FeCl_3 \cdot 6H_2O$）溶于水中，稀释至 1000mL，此溶液在 0~4℃可稳定保存 6 个月，若发现任何沉淀或微生物生长应弃去。

7）稀释水　在 5~20L 的玻璃瓶中加入一定量的水，控制水温在（20±1）℃，用曝气装置至少曝气 1h，使稀释水中的溶解氧达到 8mg/L 以上。使用前每升水中加入上述 4 种盐溶液各 1.0mL，混匀，20℃保存。在曝气的过程中防止污染，特别是防止带入有机物、金属、氧化物或还原物。稀释水中氧的质量浓度不能过饱和，使用前需开口放置 1h，且应在 24h 内使用。剩余的稀释水应弃去。

8）接种稀释水　根据接种液的来源不同，每升稀释水中加入适量接种液，城市生活污水和污水处理厂出水加 1~10mL，河水或湖水加 10~100mL，将接种稀释水存放在（20±1）℃的环境中，当天配制当天使用。接种的稀释水 pH 值为 7.2，BOD_5 应小于 1.5mg/L。

9）盐酸溶液　$c(HCl) = 0.5mol/L$，将 40mL 浓盐酸（HCl）溶于水中，稀释至 1000mL。

10）氢氧化钠溶液　$c(NaOH) = 0.5mol/L$，将 20g 氢氧化钠溶于水

中，稀释至 1000mL。

11）亚硫酸钠溶液　$c(Na_2SO_3)=0.025mol/L$，将 1.575g 亚硫酸钠（Na_2SO_3）溶于水中，稀释至 1000mL。此溶液不稳定，需现用现配。

12）葡萄糖-谷氨酸标准溶液　将葡萄糖（$C_6H_{12}O_6$，优级纯）和谷氨酸（$HOOC-CH_2-CH_2-CHNH_2-COOH$，优级纯）在 130℃干燥 1h，各称取 150mg 溶于水中，在 1000mL 容量瓶中稀释至标线。此溶液的 BOD_5 为（210±20）mg/L，现用现配。该溶液也可少量冷冻保存，融化后立刻使用。

13）丙烯基硫脲硝化抑制剂　$\rho(C_4H_8N_2S)=1.0g/L$，溶解 0.20g 丙烯基硫脲（$C_4H_8N_2S$）于 200mL 水中混合，4℃保存，此溶液可稳定保存 14d。

14）乙酸溶液　稀释冰醋酸时，冰醋酸与水的体积比为 1∶1，稀释后的乙酸溶液即为 1+1 乙酸。

15）碘化钾溶液　$\rho(KI)=100g/L$，将 10g 碘化钾（KI）溶于水中，稀释至 100mL。

16）淀粉溶液　$\rho=5g/L$，将 0.50g 淀粉溶于水中，稀释至 100mL。

所用试剂除非另有说明，分析时均使用符合国家标准的分析纯化学试剂。

3.1.2.3　仪器和设备

① 滤膜：孔径为 1.6μm；

② 溶解氧瓶：带水封装置，容积 250～300mL；

③ 稀释容器：1000～2000mL 的量筒或容量瓶；

④ 虹吸管：供分取水样或添加稀释水；

⑤ 溶解氧测定仪；

⑥ 冷藏箱：0～4℃；

⑦ 冰箱：有冷冻和冷藏功能；

⑧ 带风扇的恒温培养箱：（20±1）℃；

⑨ 曝气装置：多通道空气泵或其他曝气装置；曝气可能带来有机物、氧化剂和金属，导致空气污染，如有污染，空气应过滤清洗。

分析时使用符合国家 A 级标准的玻璃仪器。使用的玻璃仪器必须清洁、无毒性和可生化降解的物质。

3.1.2.4 测量过程

（1）样品预处理

样品需充满并密封于瓶中，置于 2～5℃ 保存，一般应采样后 6h 之内进行检验。若需远距离转运，在任何情况下储存皆不得超过 24h[4]。

若样品的 pH 值不在 6～8 之间，应先做单独试验，确定需要用的盐酸溶液或氢氧化钠溶液的体积，再中和样品，不管有无沉淀形成。加入所需体积的亚硫酸钠溶液，使样品中自由氯和结合氯失效，注意避免加过量。

（2）试验水样的准备

将试验样品温度升至约 20℃，然后在半充满的容器内摇动样品，以便消除可能存在的过饱和氧。将已知体积样品置于稀释容器中，用稀释水或接种稀释水稀释，轻轻混合，避免夹杂空气泡。测定 BOD_5 时建议稀释倍数可参考表 3-1。

表 3-1　测定 BOD_5 时建议稀释的倍数

预期 BOD_5 值/(mg/L)	稀释比	结果取整到	适用的水样
2～6	1～2	0.5	R
4～12	2	0.5	R,E
10～30	5	0.5	R,E
20～60	10	1	E
40～120	20	2	S
100～300	50	5	S,C
200～600	100	10	S,C
400～1200	200	20	I,C
1000～3000	500	50	I
2000～6000	1000	100	I

注：R 为河水；E 为生物净化过程的污水；S 为澄清过的污水或轻度污染的工业废水；C 为原污水；I 为严重污染的工业废水。

若采用的稀释比大于 100，将分两步或几步进行稀释。若需要抑制硝化作用，则需加入烯丙基硫脲（ATU，$C_4H_8N_2S$）或 2-氯代-6-三氯甲基吡啶（TCMP）试剂。若只需要测定有机物降解的耗氧量，必须抑制硝化微生物以避免氮的硝化过程。为此，在每升稀释样品中加入 2mL 浓度为 500mg/L 的 ATU（$C_4H_8N_2S$）溶液或一定量的固定在氯化钠（NaCl）上的 TCMP（Cl-C_5H_3N-CCl_3），使 TCMP 在稀释样品中浓度大约为 0.5mg/L。

恰当的稀释比应确保培养后剩余溶解氧至少为 1mg/L，消耗的溶解氧至少有 2mg/L。当难于确定恰当的稀释比时，可先测定水样的总有机碳（TOC）或重铬酸盐法化学需氧量（COD），根据 TOC 或 COD 估计 BOD_5 可能值，再围绕预期的 BOD_5 值，做几种不同的稀释比，最后从所得测定结果中选取满足条件者。同时，应用接种稀释水进行平行空白实验测定。

（3）测量步骤

① 按采用的稀释比用虹吸管充满两个培养瓶至稍溢出；

② 将所有附着在瓶壁上的空气泡赶掉，盖上瓶盖，小心避免夹空气泡；

③ 将瓶子分为两组，每组都含有一瓶选定稀释比的稀释水样和一瓶空白溶液；

④ 放一组瓶于培养箱中，并在暗中放置 5d；

⑤ 在计时起点时，测量另一组瓶的稀释水样和空白溶液中的溶解氧浓度；

⑥ 达到需要培养的 5d 时间时，测定放在培养箱中那组稀释水样和空白溶液的溶解氧浓度。

为了检验接种稀释水、接种水和分析人员的技术，需进行验证试验。将 20mL 葡萄糖-谷氨酸标准溶液用接种稀释水稀释至 1000mL，并按照上述测量步骤进行测定。得到的 BOD_5 应在 180～230mg/L 之间，否则应检查接种水；如有必要，还应检查分析人员的技术。

3.1.2.5 结果分析

① 被测定溶液若满足以下条件，则测定结果可靠，即培养 5d 后：剩余溶解氧不小于 1mg/L；消耗溶解氧不小于 2mg/L。若不能满足以上条件，应舍掉该组结果。

② BOD_5 以每升消耗氧的毫克数表示，根据式(3-3) 计算。

$$C = \frac{(C_1 - C_2) - (C_3 - C_4)F_1}{F_2} \tag{3-3}$$

式中　C——BOD_5 质量浓度，mg/L；

　　　C_1——接种稀释水样在培养前的溶解氧质量浓度，mg/L；

　　　C_2——接种稀释水样在培养后的溶解氧质量浓度，mg/L；

　　　C_3——空白样在培养前的溶解氧质量浓度，mg/L；

　　　C_4——空白样在培养后的溶解氧质量浓度，mg/L；

F_1——接种稀释水或稀释水在培养液中所占的比例；

F_2——原样品在培养液中所占的比例。

3.1.3 结合水含量的测定

通常把−20℃仍不能冷冻结冰的水定义为结合水，反之则为自由水。污泥结合水含量的测量方法有多种，主要包括压滤法、膨胀计法和示差扫描量热法[5,6]。本节只简单介绍膨胀计法和示差扫描量热法。

3.1.3.1 膨胀计法测量结合水含量

采用膨胀计测量污泥结合水的含量，膨胀计示意如图 3-1 所示。

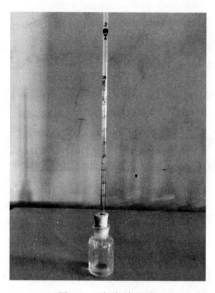

图 3-1 膨胀计示意

其依据原理是：把在−20℃下仍然不能结冰的水定义为结合水。测量结合水的具体步骤：在膨胀瓶中加入 15g 左右的污泥，再缓慢加入 20g 左右的二甲苯，排除瓶内滞留的空气，插入刻度管，并保证其密封性（检查密封性，静止 15min，观察刻度管是否下降）；记录初始温度 T_1 和刻度 V_1；将膨胀计置入超低温冷冻储存箱；当达到热平衡时，记录终了温度 T_2 和刻度 V_2。通过式(3-4) 即可计算出污泥的结合水含量，每组 2～3 次（查阅二甲苯的膨胀系数为 0.00085，室温下密度为 0.86g/mL；查阅相关资料知道纯水的体积膨胀值为 0.1mL/g，但实际污泥中水分并不是纯的，而且其含有滞留在污泥间隙气体，都会影响试验结果，因此取污泥的体积膨胀值为 0.11mL/g [7]。

$$X=\frac{WM_{水}-[(T_1-T_2)QV_X-(V_2-V_1)/Q_{水}]}{(T_1-T_2)QV_X-(V_2-V_1)/Q_{水}} \tag{3-4}$$

式中　X——结合水与自由水比值，g/g；

　　　W——污泥质量，g；

　　$M_{水}$——污泥水含量，%；

　　　T_1——膨胀瓶中污泥与二甲苯混合溶液初始温度，℃；

　　　T_2——膨胀瓶中污泥与二甲苯混合溶液终止温度，℃；

　　　Q——二甲苯的膨胀系数，0.00085；

　　　V_X——加入二甲苯的体积，mL；

　　　V_1——刻度管的初始读数，mL；

　　　V_2——刻度管的终止读数，mL；

　　$Q_{水}$——污泥的体积膨胀值，mL/g，一般取 0.11mL/g。

3.1.3.2　示差扫描量热法测量结合水含量

示差扫描量热法（DSC）测量结合水含量的原理为：自由水在冷冻过程中释放热量，在融化过程中吸收热量，而 DSC 测量仪能够记录这部分热量，从而通过积分的方法计算出样品焓的变化。由于样品的焓变化与自由水的质量成正比，因此结合水含量等于样品总水量与测得的自由水含量之差[8]。

DSC 测量结合水含量的具体测量步骤为：

① 测量滤饼总含水率；

② 称取过滤后有代表性滤饼样品 10mg 左右放入 DSC 测量仪内；

③ 以 2℃/min 的速率从室温降温至 -20℃，然后再以相同的速率升至室温，样品在冷冻过程中释放热量，出现明显的放热峰，在升温过程中显现出明显的吸热峰；

④ 计算出样品自由水质量，从而得出样品结合水含量。

3.1.4　热值的测定

确定污泥热值的方法主要有两类：一类是直接测定，可由氧弹式量热计或差热分析仪完成；另一类是计算法，该法利用废水中有机物的组分与热值之间的理论或者统计关系计算热值。目前，污泥热值的测定主要参考煤热值的测定方法-氧弹热量计法[9]。

城市污水污泥中含有大量的碳、氢、氧、氮、硫元素，这些元素是污泥中有机污染物的主要元素，也是影响污泥热值的主要元素。通过对其中的有机物做组分测定，或是对其做元素的定性定量分析，就能通过计算公式获得污泥样品的热值。但是传统的元素分析方法往往比直接测量热值要复杂和困难很多，因此也有不少的研究人员采用前人研究的污水有机污染的经验实验式，通过理论计算污泥和污水中有机污染物的热值[10,11]。

目前，国内外对物质热值进行测量通常采用弹式热量计。这种测量手段在煤炭、石油、固体废弃物等的热值分析领域已经有着十分广泛的应用。该法沿用至今已有一个多世纪的历史，测量原理虽未改变，但随着科学技术的发展，仪器的结构与性能已有很大的改进，操作自动化程度日趋提高，测量的技术相对成熟可靠。

弹式热量计的测量原理为：将一定量的待测物质放入氧弹中，充分燃烧，其燃烧热效应使氧弹自身、周围介质和其他相关附件的温度上升，根据介质在燃烧前后的温度变化和介质的比热计算出测量物质的燃烧热。具体步骤为[12]：

① 将污泥置于烘箱内在105℃下干燥24h，随后研磨成细末以保证充分燃烧；

② 用已知质量和热值的擦镜纸包紧样品并放入石英坩埚内，擦镜纸具有较高的热值同时能够防止样品在测量过程中飞溅；

③ 试验结束后，读取弹筒热值 $Q_{B.d}$；

④ 参照煤的发热量测定方法，计算样品的高位发热量 $Q_{H.d}$；

$$Q_{H.d} = Q_{B.d} - 95s + \alpha Q_{B.d} \tag{3-5}$$

式中　$Q_{H.d}$——污泥干燥基的高位发热量，kJ/kg；

　　　$Q_{B.d}$——污泥干燥基的弹筒发热量，kJ/kg；

　　　s——样品含硫量，%；

　　　α——硝酸生成系数，当污泥的 $Q_{B.d} < 16700$kJ/kg，取 $\alpha = 0.001$。

⑤ 计算原始污泥（收到基）高位发热量 $Q_{H.r}$：

$$Q_{H.r} = Q_{H.d}(100 - W)/100 \tag{3-6}$$

式中　$Q_{H.r}$——污泥收到基（原污泥）的高位发热量，kJ/kg；

　　　W——污泥湿基的含水率，%。

3.1.5　流变性测试

目前流变测量采用的流变仪主要包括毛细管流变仪、旋转流变仪和混炼机型扭矩流变仪三种。

① 毛细管流变仪：目前发展的最成熟、最典型的流变测量仪，其主要优点在于操作简单、测量准确以及测量范围宽广（$10^{-2}\,s^{-1}\sim10^{4}\,s^{-1}$）；

② 旋转流变仪：根据测量转子系统的不同可分为同轴圆筒型、锥-板型和平行平板型三类；根据控制参数的不同可分为应力控制 CS（施加应力，测量应变）型以及应变控制 CR（施加应变，测量应力）型。测量非牛顿流体的黏弹、黏塑特性时，CS 流变仪的精度较高；测量污泥黏度时，二者具有相同的精度，与 CR 型相比，CS 型流变仪更适用于非牛顿流体的流变性测量；

③ 混炼机型扭矩流变仪：实际上是一种组合式转矩测量仪，其优点在于其测量过程和实际加工过程相仿，测量结果更具工程意义，主要用来研究热塑性材料的热稳定性、剪切稳定性、流动和塑化行为[13]。

根据物料的形变历史，流变学测试可分为稳态流变试验、瞬态流变试验与动态流变试验三类。

① 稳态流变试验：指剪切速率（应变速率）场、温度场恒为常数，不随时间改变，主要用于测量流体的黏度，该类实验在非牛顿流体中应用较少；

② 瞬态流变试验：指流变测量中应力或应变速率发生阶跃变化，主要用于测量非牛顿流体的屈服应力及触变性；

③ 动态流变试验：指流变测量中材料经受振幅较小的以正弦规律变化为主的交变剪切应力或交变剪切应变作用，主要用于非牛顿流体黏弹性的测量。

流体的流变性与测量条件紧密相关，不同的测量条件下得到的结果不具备可比性，甚至测量条件的不同可能会导致错误的测量结果。为了减小实验误差，提高测量精度，进行流动测试试验时需要注意以下几点[14]。

（1）层流

施加的剪切必须只是层流。因为层流能够防止层间体积元交换，所以开始测定，样品就必须是均匀的。不能期望也不允许在测定过程中对不均匀样品实施均匀化操作。

另外，这一要求也阻止了使用密炼机作为传感器测定绝对黏度。密炼机作为一种测量装置，其转子和腔体的设计是尽可能产生湍流，使所有组分充分混合。维持湍流所需的能量比仅仅保持层流所需的能量多得多。测得的扭矩不再与样品的真实黏度成正比。如果测试黏度时允许湍流存在，将产生50%、100%或更高的偏差。

（2）稳态流

在流变测量学的牛顿定律中，施加的剪切应力与剪切速率有关。这里所指的剪切应力为刚好足够维持一个恒定流动速率的量值，加快或减慢流动速率所需的附加能量不能计入公式。

（3）无滑移

来自移动板的剪切应力需穿过液体边界，进入液体内部。若移动板与液体的黏合不足以传递剪切力，即移动板只能在不动的液体样品上面滑过，则在这种情况下的测定结果毫无意义。这样的滑移问题常发生在脂肪和油脂的测定中。

（4）样品必须均匀

此要求意味着样品对剪切的响应是完全均匀的。若样品是分散体系或悬浮液，则要求所有的组分（液满或气池）的大小与受剪切液层的厚度相比是非常小的，即样品必须均匀地分布。

在流变学测定中，真正均匀的样品是罕见的。如果某分散体系中每一个小体积元都在总组分中占有相同的份额而被当作是均匀的，那么在测定过程中还会出问题，剪切增大会导致相离。在这种情况下，牙膏之类的分散体系可能在测量转子边界处析出薄薄一层液体，其余样品在转子与外筒之间剩余缝隙中变得黏滞、固态化。这种条件下的黏性流动仅存在于厚度不定的很稀的液体层中，一旦发生这种相分离，测试结果很难进行流变学解释。如果仅仅停留在零转速上等待，样品结构不能回复为原始的状态，则必须换新样品，重新编制新测试程序，在剪切速率达到相分离的极限值之前停止试验。

（5）在测试过程中样品无化学物理变化

聚合物的硬化、降解等化学过程产生的变化，以及某些物理转变，例如PVC树脂中颗粒与增塑剂的相互作用等，将是影响黏度测定的又一种情况。通常的流变学测量中必须避免这些情况，除非这些影响是研究的主要目标。

保持上述5个参数恒定，按照聚合物固化或凝胶化等化学过程进行试验，绘出黏度随时间变化的关系曲线。这就是一种非常有意义的流变学试验。

3.1.6　分形维数的计算

分形的概念是美籍哈佛大学数学家曼德布罗特（B. B. Mandelbort）于1975 年首先提出的，其原义是"不规则的、支离破碎的"一些物体的统称。分形理论认为分形集具有非常不规则的结构，其整体和局部都不能用传统的欧式几何语言来描述；同时分形集具有自相似性和标度不变性。自相似性指系统或结构的局域性质或局域结构与整体类似，一旦系统被放大或缩小，表征其结构的定量性质，如分形维数，并不会因此而发生改变，所改变的只是其外部表现形式。标度不变性即在分形上任选一局部区域，对它进行放大或缩小，这时得到的放大或缩小图又会显示出原图的形态特征。

对于具有复杂结构的污泥絮凝体，具有自相似和标度不变性，可用不同于欧式几何学的非整数维——分形维数来反映其真实形态。分形维数是表征污泥絮体特征的一种重要参数[15]。对于颗粒物聚集体，分形维数严格来说为质量分维，定量描述了聚集体中颗粒物的空间占据规律，具有十分重要的决定作用。聚集体质量与粒径之间的关系如式(3-7) 所示。

$$M(R) \propto R^{d_F} \tag{3-7}$$

式中　$M(R)$——聚集体质量；

$\quad\quad R$——聚集体粒径；

$\quad\quad d_F$——质量分形维数。

另外，分形维数也可进一步表示为聚集体性质随长度的指数变化规律，记为 D_n，其中下标 n 指分形体的维数，即 D_1、D_2 和 D_3 为分别为一维分形维数、二维分形维数和三维分形维数。下标 n 与欧氏几何之间的关联可由式(3-8)～式(3-10) 表示：

$$P \propto L^{D_1} \tag{3-8}$$

$$A \propto L^{D_2} \tag{3-9}$$

$$V \propto L^{D_3} \tag{3-10}$$

式中　L——聚集体的最大长度；

$\quad\quad P$——聚集体的周长；

$\quad\quad A$——聚集体的投影面积；

$\quad\quad V$——聚集体的体积。

分形维数不同的定义及多种多样的表示方法：一方面表明分形结构的复杂性与其形成途径相关；另一方面则在于分形理论自身仍然处于不断丰富与

完善过程之中[16]。

分形维数计算方法主要有图像法、光散射法、絮体沉降法、粒径分布法等[17]。其中，图像法具有简单、直观等特点，因此被广泛采用，本书只对其进行简单介绍。图像法是指运用电子显微镜（如透射显微镜 TEM）对聚集体连续放大拍摄，对拍摄出的照片进行图像分析处理，得出聚集体的投影面积 A、投影周长 P 和在某一方向的最大长度 L 等参数；再根据式（3-8）和式（3-9）可求得聚集体的一维分形维数和二维分形维数。三维分形维数一般不能直接求得，需要对投影面积 A 求出等面积圆的直径，进而将其换算成球体体积 V，再根据式（3-10）进行计算。

3.2 过滤过程参数计算方法

3.2.1 污泥平均比阻的计算

在外力的作用下，污泥悬浮液中的液相透过过滤介质，而固体颗粒被截留的过程称为过滤。随着过滤过程的进行，沉积在过滤介质上的固体颗粒层逐渐增厚，液相通过滤饼以及过滤介质的阻力逐渐增大。过滤阻力包括面积比阻和质量比阻（Ruth 比阻），面积比阻指单位过滤面积上单位高度滤饼的阻力，其单位为 $1/m^2$，质量比阻指单位过滤面积上单位质量滤饼的阻力，单位为 m/kg。

本书仅介绍评价污泥过滤性能的质量比阻 α，其测定方法如下：在某一恒定压力下对污泥进行过滤，将得到的实验数据以 dt/dv 对 v 的形式作图，得到如图 3-2 所示的直线关系。根据恒压过滤方程（3-11），将式（3-11）积分得到式（3-12），通过直线的斜率计算 K，从而得到滤饼的平均质量比阻 α。

$$\frac{dt}{dv}=\frac{\mu_l\rho s\alpha(v+v_m)}{\mu_l\rho s\alpha(v+v_m)\Delta P(1-ms)}=\frac{2(v+v_m)}{K} \tag{3-11}$$

$$\frac{t}{v}=\frac{\mu_l\rho s\alpha(v+v_m)}{2\Delta P(1-ms)}=\frac{1}{K}v+\frac{2}{K}v_m \tag{3-12}$$

式中　　v——V/A［其中，V 为滤液量（m^3），A 为过滤面积（m^2）］，单位面积的滤液量，m^3/m^2；

v_m——V_m/A（V_m 为等效滤液量，得到与过滤介质阻力等效的滤饼的当量滤液量，m^3/m^2）；

t——得到 V 所需过滤时间，s；

K——Ruth 恒压过滤系数，m^3/s；

ΔP——过滤压力，Pa；

μ_l——滤液的黏度，$Pa \cdot s$；

α——滤饼的平均过滤比阻，m/kg；

ρ——滤液的密度，kg/m^3；

s——物料中固相浓度，%；

m——湿滤饼与干滤饼的质量比。

Ruth 恒压过滤系数 K 的表达式为式(3-13)，式(3-14) 为由恒压过滤系数推导的滤饼平均比阻。根据实验结果，绘出如图 3-2 所示曲线，该曲线为直线，直线的斜率即为 $1/K$，截距为 v_m，从而可求得滤饼平均比阻。通常，当 $\alpha < 10^{11}$ m/kg 时，滤饼过滤时阻力小，称为容易过滤的滤饼；当 α 在 $10^{12} \sim 10^{13}$ m/kg 范围时，为中等过滤阻力的滤饼；当 $\alpha > 10^{13}$ m/kg 时，滤饼过滤阻力很大，为难过滤的滤饼[18]。

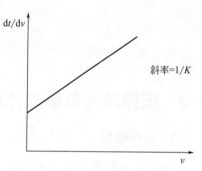

图 3-2 恒压过滤 $\dfrac{\mathrm{d}t}{\mathrm{d}v}$ 与 v 的关系

$$K = \frac{2\Delta P(1-ms)}{\mu_l \rho s \alpha} \tag{3-13}$$

$$\alpha = \frac{2\Delta P(1-ms)}{\mu_l \rho s K} \tag{3-14}$$

3.2.2 污泥压缩系数的计算

悬浮液的压缩性通常由压缩系数 n 来描述，当 $n > 1$ 时，则物料具有超高可压缩性；当 $n = 0.5 \sim 1.0$ 时，具有高可压缩性；$n = 0.3 \sim 0.5$ 时，具有中等可压缩性；$n < 0.3$ 时为低可压缩物料；$n = 0$ 时为不可压缩性物料[19]。根据 Ruth 的恒压过滤方程，可得平均比阻与过滤压力的关系如式(3-15)所列。

$$\alpha = \alpha_0 \Delta P^n \tag{3-15}$$

式中 n——滤饼可压缩性系数。

进行不同压力下的恒压过滤实验，求出各个压力分别对应的滤饼平均比阻，在直角坐标系中绘制如图 3-3 所示的 $\lg\Delta P$ 对 $\lg\alpha$ 的可压缩系数曲线关系，该曲线关系也为直线，直线的斜率即为物料的可压缩系数。

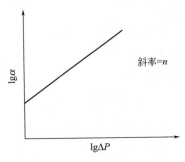

图 3-3　可压缩系数曲线关系

3.3　压榨过程参数的计算方法

3.3.1　压榨模型

　　压榨操作是在过滤完成之后，利用机械挤压，将滤饼中的水分进一步挤出的过程，从而降低滤饼含水率，滤饼的可压缩性越大，压榨脱水的效果越好。图 3-4 为压榨操作示意，过滤完成后在外力的作用下通过活塞挤压滤饼，液体从滤饼内被徐徐榨出，直至不再有滤液流出或滤液流出速度非常慢时压榨结束，实现固液分离。

　　在压榨过滤方面，研究者们做了很多努力，但就目前而言依然无法用数学语言准确地描述压榨过程，预测和描述滤饼所含固相颗粒的数量及分布；压榨过滤操作仍然强烈的依赖于实践和经验。在众多的压榨理论中 Terzaghi-Voigt 模型（简称 T-V 模型）依然备受青睐，图 3-5 为 Terzaghi-Voigt 模型示意[20]，其中 E_1、E_2 代表滤饼的

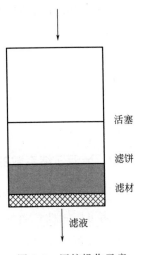

图 3-4　压榨操作示意

弹性，G_2 代表滤饼的黏性。该模型把压榨过程分为两个阶段：Terzaghi（弹簧）单元表示颗粒层的弹性，称为主压榨阶段，此阶段仅导致滤饼总体结构的破坏，去除滤饼孔隙中的水分；Voigt（黏壶或阻尼器）单元表征滤

饼的黏性，称为第二压榨阶段，主要由滤饼内颗粒的蠕变控制，去除剩余的间隙水和部分结合水。

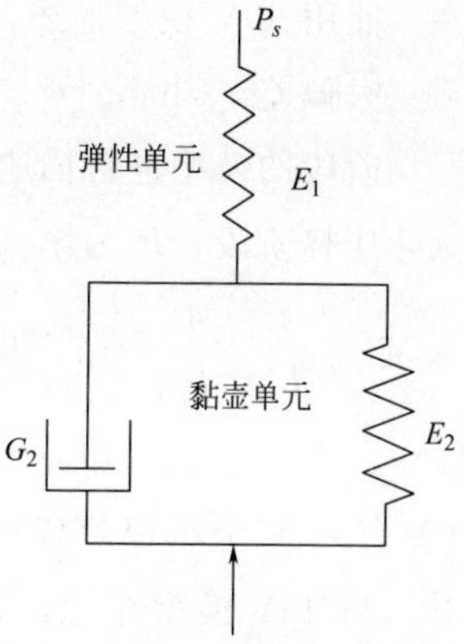

恒压压榨过程中，把滤饼内的液压近似认定为正弦曲线，压榨滤液量可用式（3-16）表示，其中等号右边第一项代表主压榨阶段，第二项表示第二压榨阶段：

$$
\begin{aligned}
U_c &= \frac{v_c}{v_{c\max}} \\
&= \frac{L_1 - L}{L_1 - L_f} \\
&= (1-B)\left[1 - \exp\left(-\frac{\pi^2}{4}\frac{i^2 C_e}{\omega_0^2}t\right)\right] + B\left[1 - \exp(-\eta t)\right]
\end{aligned} \tag{3-16}
$$

图 3-5　Terzaghi-Voigt 模型

式中　U_c——平均压榨比，压榨初始时为 0，终了时为 1；

　　　v_c——任意时间下单位面积的榨出液量，m^3/m^2；

　　$v_{c\max}$——压榨期间的总榨出液量，m^3/m^2；

　　　ω_0——压榨饼中的总固体体积，m^3/m^2；

L_1、L、L_f——初始、压榨任意时刻以及平衡滤饼的厚度，mm；

　　　B——第二压榨阶段去除的水分占整个压榨阶段去除水分的比例；

　　　t——压榨时间，s；

　　　i——排水面数量；

　　　C_e——压榨系数，m^2/s；

　　　η——第二压榨阶段弹性和黏性的综合蠕变常数，$\eta = \dfrac{E_2}{G_2}$，s^{-1}。

当压榨过程达到平衡状态，即压榨时间足够长时，$\exp\left(-\dfrac{\pi^2}{4}\dfrac{i^2 C_e}{\omega_0^2}t\right)$ 的值可忽略。此时绘制对数曲线关系 $\ln(1-U_c)$ 对 t 的曲线，如果 $\ln(1-U_c)$-t 呈现直线关系，则 B 和 η 可分别由截距和斜率求出如图 3-6 所示。

绝大部分物料的压榨过程都

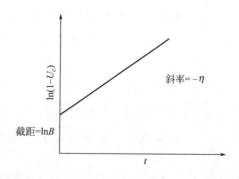

图 3-6　$\ln(1-U_c)$ 与 t 的关系曲线

能用 T-V 模型描述，但对于污泥这种超高可压缩物料，T-V 模型显示出较大偏差，Chang 等[21] 指出由于污泥含有大量的结合水，因此需要用三压榨阶段的模型进行描述，其表达式为式(3-13)，其中等号右边第三项表示第三压榨阶段，F 为第三压榨阶段去除的水分占整个压榨阶段去除水分的比例。

$$U_c = \frac{L_1 - L}{L_1 - L_f} = (1 - B - F)\left[1 - \exp\left(-\frac{\pi^2 i^2 C_e}{4\omega_0^2}t\right)\right] + B[1 - \exp(-\eta t)] + Ft/t^*$$

$$(3-17)$$

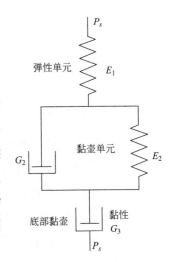

图 3-7 三个压榨阶段的压榨模型

三个压榨阶段的压榨模型如图 3-7 所示，与 T-V 模型相比，该模型增加了第三压榨阶段（黏壶单元），该压榨阶段主要由滤饼中结合水的去除速率控制。实际上结合水的去除伴随于整个压榨过程，由于间隙水的去除速率较结合水的去除速率大，因此前两个阶段中结合水去除的作用并不明显，当主压榨和第二压榨阶段完成后，结合水的去除成为主要脱水机理。在压榨的中间阶段，方程式（3-17）变为式(3-18)，而当压榨趋于平衡时，即压榨时间无限长时，方程式（3-17）可简写成式(3-19)。

$$U_c = (1 - F) - B\exp(-\eta t) \qquad (3-18)$$

$$U_c = (1 - F) + Ft/t^* \qquad (3-19)$$

3.3.2 压榨模型参数的确定

描述压榨过程的参数主要包括 B、F、η、E_1、E_2、G_2、G_3 等，其确定步骤如下。

① 根据压榨过程的实验数据，绘制 U_c-t 的关系曲线，如图 3-8 所示；

② 计算接近压榨平衡状态下的 U_c-t 曲线的斜率即为 F/t^*，截距为 $1-F$；

③ 把计算出的 F 值代入式(3-18)，绘制 $\ln(1 - F - U_c)$ 与 t 曲线，在压榨中间阶段，截距为 $\ln B$，斜率为 $-\eta$ 值；

④ 根据以下关系计算 E_2、G_2、G_3：$B = \frac{\beta}{K}$，$F = \frac{i\gamma t_c^*}{K}$，$K = 1 + \beta + i\gamma t_c^*$，$\beta = \frac{E_1}{E_2}$ 和 $\gamma = \frac{E_1}{G_3}$。由于不同物料的 E_1 差距较大，因此把 E_1 看作单

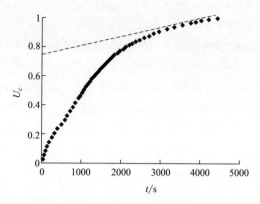

图 3-8　U_c-t 的关系曲线

位量 1，计算出的 E_2、G_2、G_3 均为相对值。

参考文献

[1]《水和废水监测分析方法指南》编委会，水和废水监测分析方法指南（上册）[M].北京：环境
科学出版社，1990，230-235.

[2] HJ 828—2017.

[3] HJ 505—2009.

[4] 王星，赵天涛，赵由才.污泥生物处理技术 [M].北京：冶金工业出版社，2010.

[5] 谢浩辉.污泥的结合水测量和热水解试验研究 [D].杭州：浙江大学，2011.

[6] Heukelekian H W E. Bound Water and Activated Sludge Bulking [J]. Sewage and Industrial
Wastes，1956，28（4）：558-574.

[7] 马赫.软固体类凝胶过滤脱水及流变机理研究 [D].太原：太原科技大学，2019.

[8] Vaxelaire J，Cézac P. Moisture distribution in activated sludges：a review [J]. Water Research，
2004，38（9）：2215-223.

[9] 郭开，李志光，彭海军，等.破膜脱水市政污泥的热值研究 [J].化学与生物工程，2014，31
（12）：58-62.

[10] 赵由才，陈绍伟，徐迪明.污泥热值的估算 [J].环保科技，1995，1：21-25.

[11] 周夏海.斯图加特污水处理厂污泥焚烧工艺研究 [M]. 北京：北京工业大学出版社，2003.

[12] 高旭，马蜀，郭劲松.城市污水厂污水污泥的热值测定分析方法研究 [J].环境工程学报，
2009，3（11）：1938-1942.

[13] 冯国红.城市污泥调质脱水及流动行为机理研究 [D].天津：天津大学，2014.

[14] Gebhard Schramm.实用流变测量学.朱怀江，译.[M].北京：石油工业出版社，2009.

[15] 陆谢娟，李孟，唐友尧.絮凝过程中絮体分形及其分形维数的测定 [J].华中科技大学学报（城
市科学版），2003，20（3）：46-49.

［16］丛海扬.基于助凝条件下絮体形态学及分形维数研究［D］.郑州：华北水利水电学院，2011.

［17］廖祁明.多重絮凝的机理研究［D］.武汉：武汉理工大学，2010.

［18］康勇，罗茜.液体过滤与过滤介质［M］.北京：化学工业出版社，2008.

［19］赵扬.滤饼微观结构与压榨过滤理论的研究［D］.天津：天津大学，2006.

［20］Shirato M，Murase T，Tokunaga A.Calculations of consolidation period in expression operations［J］.Journal Chemical Engineering，Japan，1974，7（3）：229-231.

［21］Chang I L，Lee D J. Ternary expression stage in biological sludge dewatering［J］.Water Research，1998，32（3）：905-914.

第4章 絮凝剂单独调理强化污泥脱水技术

4.1 实验设计

4.1.1 实验物料

本实验所用城市污泥取自中国山西太原北郊污水处理厂，取回后置于4℃的冰箱中冷藏，以减少污泥物理化学性能的变化，保证后续实验的准确性[1~5]。采用表4-1所列的分析仪器分析城市污泥的物理化学性质，主要包括固含量、结合水含量、分形维数、粒径、比表面积、pH值等，原污泥性能如表4-2所列。

表 4-1　分析实验仪器

仪器名称	仪器型号	生产厂家
电热鼓风干燥箱	FXB 101-1	上海一恒科学仪器有限公司
pH计	PHS-3C	上海仪电科学仪器股份有限公司
激光粒度分布仪	Bettersize 2000	丹东百特仪器有限公司
光学显微镜	BX51-P	奥林巴斯
超低温冷冻储存箱	DW-HL398S	中科美菱低温科技股份有限公司

表 4-2　原污泥性能

指　　标	对应值
总固含量(TS)/%	21.62
污泥黏度/mPa·s	0.06

续表

指　标	对应值
中位粒径/μm	71.89
含水量/%	78.38
pH 值	6.88
Zeta/mV	−17.0
比表面积/(cm^2/g)	946.7

4.1.2 絮凝剂筛选

为提高污泥的脱水性能，选取广泛应用的有机絮凝剂阳离子聚丙烯酰胺（CPAM）、无机絮凝剂聚合氯化铝（PAC）和氯化铁（FC）对污泥进行预处理。

阳离子聚丙烯酰胺是一种线型的高分子有机絮凝剂，它具有多种活泼的基团，可与许多物质亲和、吸附形成氢键。聚合氯化铝是一种无机高分子混凝剂，简称为聚铝。由于氢氧根离子的架桥作用和多价阴离子的聚合作用而产生的分子量较大、电荷较高的无机高分子水处理药剂。在形态上又可以分为固体和液体两种，本书选用固态。氯化铁在水中水解生成氢氧化铁胶体，能吸附水中的悬浮物，起到絮凝的作用。本研究所用药剂生产厂家如表 4-3 所列。

表 4-3　研究药剂生产厂家

药品名称	药品规格	生产厂家
氯化铁（FC）	分析纯（AR）	天津市天力化学试剂有限公司
聚丙烯酰胺（阳离子型）（CPAM）	分析纯（AR）	天津市光复精细化工研究所
聚合氯化铝（PAC）	分析纯（AR）	天津市凯通化学试剂有限公司

絮凝剂配制步骤如下：称取一定量的 CPAM、PAC 和 FC 于烧杯中，并分别加入去离子水，用高速搅拌器先以 250r/min 搅拌 3min，然后以 50r/min 搅拌 15min[6]，保证 CPAM 的分子链充分打开以及 PAC 和 FC 快速溶解，以分别获得质量浓度为 1%、2% 和 2% 的溶液待用。

注意：不能过高速搅拌，否则会切断聚合物分子，进而影响絮凝剂的絮凝性能；同时分子量的大小与溶解时间有关。

4.1.3 过滤实验

4.1.3.1 过滤实验装置

过滤是实现固液混合物分离的重要途径之一，在工业生产中一般属于后处理过程。其目的是回收有价值的固相，获得有价值的液相；或两者兼有，或两者均作为废物丢弃。其基本原理是：在压强差作用下，悬浮液中的流体（气体或液体）透过可渗性介质（过滤介质），固体颗粒被介质所截留，从而实现液体和固体的分离。本书仅涉及固液分离领域中的过滤过程。

实现过滤必须具备两个条件：一是具有实现分离过程所必需的设备（包括过滤介质）；二是在过滤介质两侧要保持一定的压力差（推动力）。按照推动力的类型（重力、真空负压力、正压力、惯性离心力），常用的过滤方法可分为重力过滤、真空过滤、加压过滤和离心过滤。其中，重力过滤的压强差由料浆液柱高度形成，一般较低；真空过滤的推动力为真空源，常用的真空度为 0.053~0.08MPa，有时达 0.09MPa；加压过滤的压强由压缩机或压力泵提供，前者可形成的过滤压强为 0.05~0.8MPa，后者一般可达 0.2MPa，特殊情况下可超过此值。在工业生产中，可根据不同的滤料性质及对工艺指标的不同要求采用不同的过滤方法。

由于加压过滤使用正压，其优点为过滤效率高、滤饼的固体含量高、滤液中固体含量低，前处理时可不加或加少量的调理剂，滤饼的剥离方式简单，因此，加压过滤方式被广泛使用，亦被用于本研究的污泥脱水实验。

本节采用的加压过滤实验装置（加压比阻测量仪）如图 4-1 所示。该过

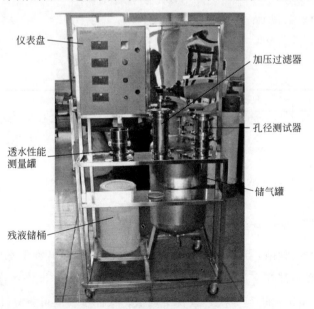

图 4-1　加压比阻测量仪

滤装置主要由加压过滤器、储气罐、仪表盘、保温套、空气压缩机等组成，其中加压过滤器直径为 87.5mm，高度为 243mm，实验所用滤布型号为P750B。P750B 遵循机织过滤布标准（FZ/T 64015—2009），其中"P"表示滤布的材料为聚丙烯纤维；"750"表示经纱的细度为 750 分特克斯；"B"表示编织方法为斜纹。

过滤性能测量装置流程如图 4-2 所示。过滤脱水实验主要仪器如表 4-4所列。

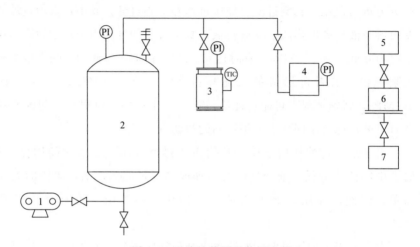

图 4-2　过滤性能测量装置流程

1—空气压缩机；2—储气罐；3—加压过滤器；4—孔径测试器；5—储水桶；

6—透水性能测量罐；7—残液储桶

表 4-4　过滤脱水实验主要仪器

仪器名称	仪器型号	生产厂家
分析天平	ME204E	梅特勒-托利多仪器有限公司
电子天平	TD	余姚市金诺天平仪器有限公司
高速搅拌器	WB3000-D	德国 Wiggens
加压比阻测量仪	自制	—
生化培养箱	SPX-150BE	上海右一仪器有限公司

4.1.3.2　过滤实验过程

过滤实验前，首先将污泥从 4℃的恒温冰箱取出置于室内 30min，以便于每组实验都在室温下进行。为使过滤过程顺利进行将污泥稀释至固含量7%。每组试验进行 3 次，取其平均值，保证实验的可重复性[6~9]。

絮凝污泥悬浮液的主要配置过程如下：

① 取一定量的污泥置于室内，使其温度恢复到室温，称取适量污泥于1000mL 烧杯中，加适量的自来水搅拌溶解；

② 将已配制好的絮凝剂溶液（CPAM 溶液、PAC 溶液和 FC 溶液）移取适量加入上述配制好的污泥悬浮液中，以配制成固相质量含量为 7%的絮凝污泥悬浮液；

③ 利用高速搅拌器搅拌污泥悬浮液，先以 250r/min 搅拌 5min，后以50r/min 搅拌 15min，使其充分混合均匀，得到调理好的絮凝污泥悬浮液。

移取 400mL 调理好的絮凝污泥悬浮液，在加压比阻测量仪上进行间歇过滤脱水实验，主要操作过程如下：

① 检查各个管路连接，保证各个阀门都处于关闭状态，进气阀除外；

② 连接电源，显示屏会实时显示储气罐以及过滤器的压力和温度，打开空压机，通过电脑控制设置到需要的过滤压力，同时观察储气罐是否漏气；

③ 本实验选用 P750B 作为过滤介质，将其放置在垫片之上，并拧紧过滤器下部卡箍。将 400mL 由絮凝剂调理好的污泥悬浮液装入加压过滤器内，拧紧过滤器上部卡箍，并开启加热套保持温度在室温；

④ 待温度达到室温时，打开滤室上部的进气阀，开始对絮凝污泥进行过滤脱水实验。

由于前期过滤较快，故每隔 5s 记录一次滤液量，后期随过滤的快慢而分不同时间间隔记录滤液量；当听见有气体吹出且无滤液流出时，表明过滤过程结束，关闭进气阀，待滤室压力降到大气压时，取出滤饼，测定滤饼含水率，量取滤饼不同位置处的厚度，并取平均值作为滤饼的厚度；以便于后续数据处理分析。

实验过程中应当注意事项如下：过滤压力一般不要超过 0.5MPa；实验完毕，应彻底清洗过滤器内壁，擦干过滤器上的水分，防止锈蚀；过滤介质选取时厚度不宜超过 1mm；高温过滤时，物料温度不宜高于垫片的耐热温度；排液阀在实验结束后保持常开。如遇排液阀滴漏可自行拆下，缠绕四氟带再重新安装。

4.2 絮凝剂对污泥理化性质的影响

图 4-3～图 4-5 为无机絮凝剂聚合氯化铝（PAC）、氯化铁（FC）和有机阳离子絮凝剂聚丙烯酰胺（CPAM）对污泥粒径、pH 值、分形维数和比

表面积的影响。当无机絮凝剂 PAC 和 FC 的添加量分别增加到 12%（质量分数）（絮凝剂质量与污泥中干固相的质量比，下同）和 14%（质量分数）时，污泥悬浮液的 pH 值分别从原污泥的 6.88 降至 6.09 和 5.54。由于 PAC 在污泥悬浮液中水解生成羟基氧化铝，FC 在污泥悬浮液中水解生成氢氧化铁，致使悬浮液液中的氢离子浓度升高，进而导致 pH 值降低[10,11]。此外，由于 FC 的水解性能强于 PAC 的水解性能，因此 FC 调理污泥的 pH 值更低；而 CPAM 可以抑制污泥的溶解、水解和产酸，故 pH 值增加。当 CPAM 添加量为 0.3%（质量分数）时，pH 值由 6.88 提高到 7.50。污泥粒径随 PAC 和 FC 投加量的增加先减小再增大，当 PAC 和 FC 的添加剂量分别为 4%（质量分数）和 6%（质量分数）时，污泥粒径分别达到最小值 60.7μm 和 58.6μm。而比表面积的变化趋势与之相反，随 PAC 和 FC 投加量的增加先增大后减小，当 PAC 和 FC 的添加剂量分别为 4%（质量分数）和 6%（质量分数）时，比表面积分别达到最大值。

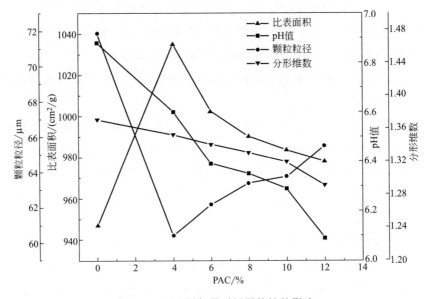

图 4-3　PAC 添加量对污泥特性的影响

　　而对于采用 PAC 和 FC 调理的所有污泥样品，其颗粒粒径均比原污泥的小，而比表面积均比原污泥的大（原始污泥颗粒粒径 71.9μm，比表面积为 946.7cm^2/g）。污泥颗粒本身带负电荷，颗粒间存在静电斥力，因此此胶体分散体系可以长时间保持稳定的状态。当向水中加入大量金属阳离子电解质时，阳离子涌入扩散层甚至吸附层，增加扩散层及吸附层中的正离子浓

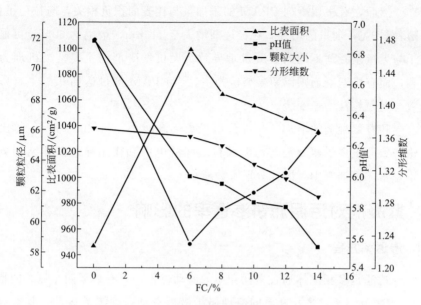

图 4-4　FC 添加量对污泥特性的影响

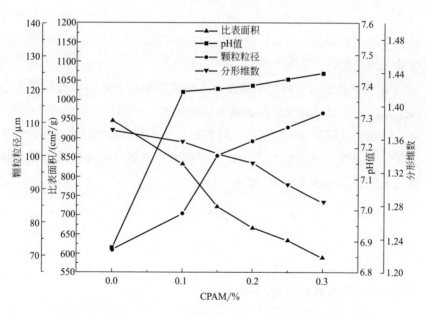

图 4-5　CPAM 添加量对污泥特性的影响

度，使扩散层变薄，进而导致粒径减小，比表面积增大。随着 PAC 和 FC
剂量的增加，胶核表面的负电性降低，粒子的 Zeta 电位降低，此时胶粒最
容易发生聚集形成密度较大的絮团，因而粒径又逐渐增大。

然而，有机絮凝剂 CPAM 的添加量与比表面积负相关，与粒径正相关。随着 CPAM 剂量的增加，粒径逐渐增大至 $113\mu m$，增幅达 60%。可能是由于与无机絮凝剂不同的絮凝机理导致。无机絮凝剂的主要絮凝机理为电中和，而有机絮凝剂则以絮凝架桥为主。当 CPAM 剂量达到 0.25%（质量分数）时，粒径增速变缓。

随着絮凝剂的增加，一维分形维数逐渐减小，与 Zhao 等[12] 得出的结论一致。阳离子絮凝剂与污泥颗粒之间的电中和作用导致絮体结构更加紧凑，絮体更加规则，因此分形维数减小。

4.3　絮凝剂对污泥滤饼渗透率的影响

4.3.1　渗透率方程

过滤是多相流体通过多孔介质的流动过程，具有如下两个显著的特点。

① 流体通过多孔介质的流动属于极慢流动，即渗流运动。其影响因素有 2 个：a.宏观的流体力学因素，如滤饼结构、压差、滤液黏度、过滤介质特性等；b.微观的物化因素，如电化学现象、毛细现象、絮凝作用等。粒径越小的固体颗粒，其微观物化因素的影响越大，当粒径在 $10\sim20\mu m$ 时其影响尤为突出。

② 悬浮液中的固体粒子是连续不断地沉积在介质内部孔隙中或介质表面上，因而在过滤过程中过滤阻力不断增加。

渗透率是研究过滤过程的关键参数，是研究多孔饼状物料渗流的最基本问题。1856 年，达西提出描述清洁液体通过介质层时体积流速与压降之间的关系模型，即达西方程，如式(4-1) 所示：

$$\frac{\Delta P}{L}=\frac{\mu}{K}\frac{\mathrm{d}V}{\mathrm{d}t}\frac{1}{A} \tag{4-1}$$

式中　K——渗透率，m^2；

　　　A——介质层的横截面积，m^2；

　　　L——介质层厚度，m；

　　　ΔP——过滤压力，Pa；

　　　V——滤液量，m^3；

　　　t——过滤时间，s；

　　　μ——滤液黏度，Pa·s。

柯杰尼于 1927 年指出，达西方程中的渗透率 K 并不是常数，而是与悬浮液中的固相颗粒性质有关，用式(4-2) 表示，即渗透率方程。

$$K = \frac{\varepsilon^3}{K_c(1-\varepsilon)^2 S_0^2} \tag{4-2}$$

式中 ε——局部孔隙率，%；

S_0——污泥的比表面积，m^2/m^3；

K_c——柯杰尼常数，无量纲。

将式(4-2) 代入式(4-1)，得到柯杰尼-卡门方程，简称 K-C 方程，用以描述悬浮液的过滤过程，如式(4-3) 所示。

$$\frac{\Delta P}{L} = \mu \left[\frac{K_c(1-\varepsilon)^2 S_0^2}{\varepsilon^3} \right] \frac{dV}{dt} \frac{1}{A} \tag{4-3}$$

K-C 方程将颗粒视为均匀、坚硬的球体，且颗粒间的接触方式为点接触，柯杰尼常数 K_c 通常取 5，实际上 K_c 与物料性质相关，波动范围较大。

4.3.2　絮凝剂对污泥滤饼渗透率的影响

在过滤压力 $3.4 \times 10^5 Pa$，不同絮凝剂 PAC、FC 和 CPAM 的添加量对污泥悬浮液渗透率的影响如图 4-6 所示。由图 4-6 可以看出，随着絮凝剂用量的增加，渗透率先增大后减小。当 PAC 投加量为 10%（质量分数）时，渗透率由原污泥的 $5.89 \times 10^{-11} cm^2$，增加到 $2.88 \times 10^{-9} cm^2$，增幅达 50 倍。电中和效应通过压缩双电层，减小了污泥颗粒双电层的厚度，提高了污泥中自由水的含量，从而使污泥的脱水性能提高。但是，过量的投加使污泥颗粒被 PAC 覆盖，导致污泥颗粒重新稳定于悬浮污泥体系中。因此，本研究工作中 PAC 的最佳用量大致为 10%（质量分数），与前期研究工作一致[13]。而有机絮凝剂 CPAM 的添加量为 0.3%（质量分数）时，调理污泥的渗透率仅为 $3.86 \times 10^{-10} cm^2$，增幅不到 7 倍，表明在此条件下无机絮凝剂调理污泥的过滤速度更快。

4.3.3　过滤压力对污泥滤饼渗透率的影响

由絮凝剂添加量对污泥滤饼渗透率的影响大致可推断出，最佳絮凝剂浓度（质量分数）为：PAC 为 8%～10%；FC 为 12%～14%；CPAM 为 0.25%～0.3%。为便于研究过滤压力对污泥滤饼渗透率的影响，将 3 种不同絮凝剂 PAC、FC 和 CPAM 的添加剂量分别固定在 10%（质量分数）、12%（质量分数）和 0.3%（质量分数），过滤压力对污泥滤饼渗透率的影

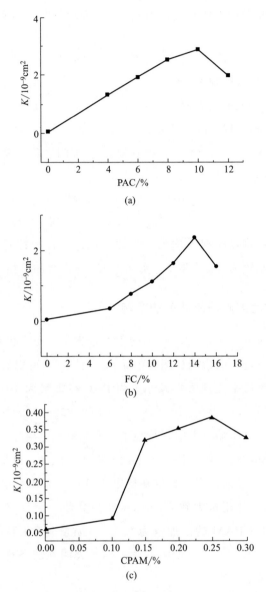

图 4-6　不同絮凝剂的添加量对污泥滤饼渗透率的影响

响如图 4-7 所示。由图 4-7 可以看出，随着过滤压力的增大，污泥滤饼的渗透率先急剧下降，然后趋于平缓，这可能是由于滤饼在较高的过滤压力下有效间隙减小的缘故。而当过滤压力大于 0.34MPa 时，其对渗透率的影响并不显著，可能是由于滤饼与过滤介质之间的接触面形成了高度致密的薄膜，提高了过滤阻力，降低了过滤性能。另外，当过滤压力从 0.1MPa 增加到 0.34MPa 时，CPAM 调理污泥的滤饼渗透率从 $3.85 \times 10^{-9}\,\mathrm{cm}^2$ 降到 $0.32 \times$

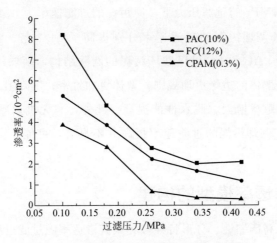

图 4-7　过滤压力对污泥滤饼渗透率的影响

10^{-9}cm^2，降幅达 91.7%。而 PAC 和 FC 调理的污泥，随着压降的增加，降幅接近，分别为 73.1% 和 66.7%。这可能是由于 CPAM 调理污泥的絮体较疏松，压缩性较高所致。

图 4-8 为过滤压力对过滤速率的影响。由图 4-8 可以看出，过滤压力对过滤速率影响较小。理论上，较高的过滤压力可以加快滤液流出，但同时较高的过滤压力会导致滤饼的部分有效孔隙逐渐堵塞，有效孔隙率降低，进而降低过滤性能，这一点对具有软固体特性的污泥显得尤为重要。因此，提高过滤压力并不能显著提高过滤速率。然而工程实践中通常采用较高的过滤压力（一般＞0.6MPa）主要以提高污泥的批处理量为目标，以延长过滤时间为代价。

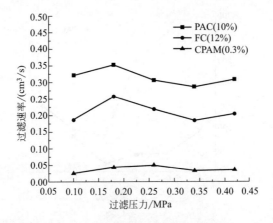

图 4-8　过滤压力对过滤速率的影响

　　在 0.34MPa 的过滤压力下，原污泥的过滤速率为 0.0086cm³/s，PAC、FC、CPAM 调理污泥的过滤速率分别提高了 44.2 倍、30.2 倍和 5.6 倍。无机絮凝剂 PAC 和 FC 可以破坏污泥的网状结构，削弱污泥对水的束缚能力。因此，絮体的边缘更加规则，絮体更加致密，沉降阻力系数更小，滤饼中的有效孔隙率增大，脱水性能提高。此外，与无机絮凝剂 PAC 和 FC 相比，CPAM 调理污泥的过滤速率提高并不显著，可能是由于其用量较小的缘故。

4.4　改进渗透率模型的构建

　　污泥的高压缩性、分形特性等导致其渗透率随过滤过程的推进及过滤压力的变化而不断变化。限于原柯杰尼常数的局限性，其不能准确反映具有软固体类凝胶及复杂理化性质的污泥过滤过程，故应该对其进行修正。修正柯杰尼常数后的渗透率方程如式(4-4) 所示。

$$K = \frac{\varepsilon^3}{K_c'(1-\varepsilon)^2 \times S_0^2} \tag{4-4}$$

式中　K_c'——改进柯杰尼常数

4.4.1　絮凝剂对改进柯杰尼常数的影响

　　当过滤压力为 0.34MPa 时，原污泥和经絮凝剂 PAC、FC 和 CPAM 调理污泥的改进柯杰尼常数值如图 4-9 和图 4-10 所示。对于原污泥，其改进柯杰尼常数值为 4787，约为文献给出的 958 倍[14,15]。而对于调理污泥，该

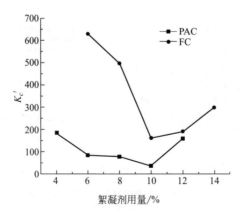

图 4-9　PAC 和 FC 添加量对改进柯杰尼常数的影响

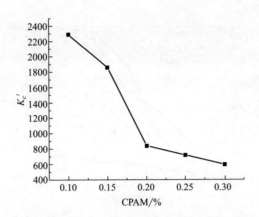

图 4-10　CPAM 添加量对改进柯杰尼常数的影响

改进柯杰尼常数值明显下降，从 4787 降至数百。实际上，柯杰尼常数与絮体性质关系较大，反映了污泥的物理特性。由于原污泥中含有大量交错、无序的絮体菌胶团，而调理污泥的絮体颗粒较规则，排列亦较规则，导致改进柯杰尼常数显著降低。

值得引起关注的是，随着絮凝剂剂量的增加，改进柯杰尼常数逐渐降低。当 PAC 添加量达到 10%（质量分数）时，改进柯杰尼常数最小，表明 PAC 调理污泥的絮体更加紧凑，压缩性较差，有利于过滤脱水。据此可推断 PAC 最佳用量为 10%（质量分数），与上述讨论的最佳用量结果一致。然而 CPAM 调理的污泥，其改进柯杰尼常数值较大，可能是由于絮体大而松散，压缩性较好的缘故。

4.4.2　过滤压力对改进柯杰尼常数的影响

当絮凝剂 PAC、FC 和 CPAM 的添加量（质量分数）分别为 10%、12% 和 0.3% 时，过滤压力对改进柯杰尼常数的影响如图 4-11 所示。

如前所述，柯杰尼常数是悬浮液中絮体颗粒的一种物质性质，涉及絮体形态、粒径和压缩性；与过滤压力无关。但图 4-11 表明柯杰尼常数与过滤压力之间存在明显的正相关关系。对于 PAC 调理的污泥，当过滤压力从 0.1MPa 增加到 0.42MPa 时，柯杰尼常数从 9.6 显著增至 48。由于污泥的高压缩特性导致其在高压下絮体形态显著变化，因此柯杰尼常数增大。对于有机絮凝剂 CPAM 调理的污泥，改进柯杰尼常数较无机絮凝剂调理污泥的更大，当过滤压力为 0.42MPa 时其值约为 2890。

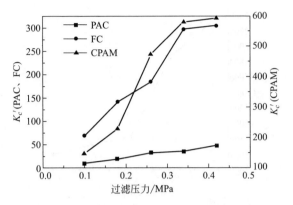

图 4-11　过滤压力对改进柯杰尼常数的影响

4.4.3　改进柯杰尼常数范围的预测

污泥是一种典型的软固体材料，由于有机物含量高，压缩性高，水含量高导致过滤脱水困难。柯杰尼常数作为反映悬浮液颗粒特性的综合参数，间接反映了过滤脱水性能。

图 4-9 表明随着絮凝剂 PAC 和 FC 添加量的增加，改进柯杰尼常数先减小至最小值，再增大。当 PAC 和 FC 的添加量均为 10％（质量分数）时，改进柯杰尼常数最小分别为 36 和 162。而对于有机絮凝剂 CPAM 调理的污泥，改进柯杰尼常数随添加剂量的增加单调减小（见图 4-10）；当 CPAM 的添加量为 0.3％（质量分数）时，该值约为 590。

为便于读者更清楚地理解改进柯杰尼常数与原柯杰尼常数之间的关系，绘制了絮凝剂添加量对改进柯杰尼常数与原柯杰尼常数比值的影响，如图 4-12、图 4-13 所示。可以看出，对于 PAC 和 FC 调理的污泥，该比值范围约为 7.2～457。在 PAC 和 FC 用量适宜的情况下，改进柯杰尼常数与原柯杰尼常数比值分别不超过 50 和 160。当 PAC 的添加量由 4％（质量分数）增至 10％（质量分数）时，改进柯杰尼常数由 184 降至 36，即 PAC 调理污泥的改进柯杰尼常数比原常数分别提高了 7.2 倍和 36.8 倍。当 FC 的添加量由 6％（质量分数）增至 10％（质量分数）时，改进柯杰尼常数由 628 降至 162，即 FC 调理污泥的改进柯杰尼常数比原常数分别提高了 32.4 倍和 125.6 倍。而 CPAM 调理污泥的改进柯杰尼常数最大值在 2000 左右，且一般不小于 590。

当絮凝剂 PAC、FC 和 CPAM 的添加量（质量分数）分别为 10％、

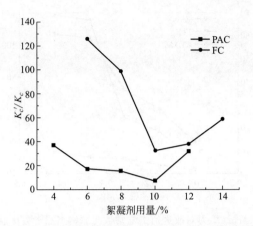

图 4-12　PAC 和 FC 添加量对改进柯杰尼常数与原柯杰尼常数比值的影响

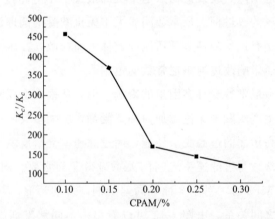

图 4-13　CPAM 添加量对改进柯杰尼常数与原柯杰尼常数比值的影响

12％和 0.3％时，图 4-14 描述了过滤压力对改进柯杰尼常数与原柯杰尼常数比值的影响。

从图 4-14 可以看出，对于所有的调理污泥，该比值与过滤压力正相关，同时此比值在无机絮凝剂调理污泥中较小，尤其是 PAC 调理的污泥。当过滤压力为 0.1MPa 时，对于 PAC 调理的污泥，其改进柯杰尼常数与原柯杰尼常数比值最小仅为 1.9，即与原柯杰尼常数非常接近。因此可以推断出，在较低的过滤压力下，由于 PAC 水解产生的羟基氧化铝的骨架效应，使得 PAC 调理污泥的压缩性降低，污泥不再是具有极高可压缩性的材料，而与可压缩材料的特性相似。而对于 CPAM 调理的污泥，可以推断改进柯杰尼常数的最小值在 100 左右。当 CPAM 的添加量合理时，在 0.1～0.42MPa

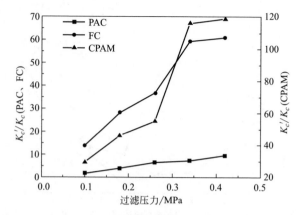

图 4-14   过滤压力对改进柯杰尼常数与原柯杰尼常数比值的影响

的过滤压力范围内，其改进柯杰尼常数的最大值不应超过 600。可见有机絮凝剂调理污泥的改进柯杰尼常数明显大于无机絮凝剂调理污泥的常数。其主要原因可能是有机絮凝剂调理污泥的絮体大而松散，在压力的作用下更易于变形，因而而影响改进柯杰尼常数的范围。

虽然柯杰尼常数受许多因素的影响，但它从根本上反映了悬液中固体颗粒的性质。生产实践中无论添加何种絮凝剂，施加多大的过滤压力，宗旨只有一个即提高污泥的过滤脱水性能，而过滤速率恰恰反映了这一特性。因此分析柯杰尼常数与过滤速率之间的关系显得尤为必要。图 4-15 绘出了过滤压力为 0.34MPa 时，对于 3 种不同絮凝剂调理的污泥，其改进柯杰尼常数和过滤速率之间关系。由图 4-15 可以看出，不同絮凝剂添加量下，改进柯杰尼常数和过滤速率高度线性相关，决定系数均在 0.9 以上。然而该拟合公式只适用于絮凝剂用量低于最优值的情况，当絮凝剂添加量过多时，污泥理化性质随机变化，因此该拟合公式可能不再适用。

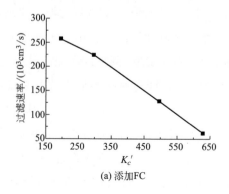

(a) 添加FC

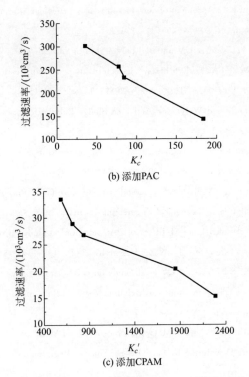

图 4-15　不同絮凝剂添加量下改进柯杰尼常数与过滤速率之间的关系

参考文献

［1］Yu S，Zhang G，Li J. Effect of endogenous hydrolytic enzymes pretreatment on the anaerobic digestion of sludge［J］. Bioresource Technology，2013，146：758-761.

［2］Wang H F，Ma Y J，Wang H J. Applying rheological analysis to better understand the mechanism of acid conditioning on activated sludge dewatering［J］. Water Research，2017，122：398-406.

［3］Bor N J，Houdkov L. Processing of sewage sludge：Dependence of sludge dewatering efficiency on amount of flocculant［J］. Resources，Conservation and Recycling，2010，54（5）：278-282.

［4］Katagiri N，Sato T，Iritani E. Analysis of consolidation behaviors of tofu and okara as soft colloids［C］. Chemeca 2011：Engineering a Better World：Sydney Hilton Hotel，NSW，Australia，2011，520-523.

［5］Raynaud M，Vaxelaire J，Heritier P. Activated sludge dewatering：in a filtration compression cell：deviations in comparison to the classical theory［J］. Asia-Pacific Journal of Chemical Engineering，2010，5：785-790.

［6］ Chia-Hung，Li K C. Assement of dewaterability using rheological properties ［J］. Journal of the Institute of Engineers，2003，26（2）：221-226.

［7］ Li X，Zheng H，Gao B. UV-initiated polymerization of acid- and alkali-resistant cationic flocculant P （AM-MAPTAC）：Synthesis，characterization，and application in sludge dewatering ［J］. Separation and Purification Technology，2017，187：244-254.

［8］ Heukelekian H. Bound Water and Activated Sludge Bulking ［J］. Sewage and Industrial Wastes，1956，28（4）：558-574.

［9］ Bruce E，Logan J R K. Fractal dimensions of aggregates formed in different fluid mechanical environments ［J］. Water Research，1995，29（2）：443-453.

［10］ Wei H，Ren J，Li A. Sludge dewaterability of a starch-based flocculant and its combined usage with ferric chloride ［J］. Chemical Engineering Journal，2018，349：737-747.

［11］ Satyawali Y，Balakrishnan M. Effect of PAC addition on sludge properties in an MBR treating high strength wastewater ［J］. Water Research，2009，43：1577-1588.

［12］ Zhao P T，Ge S F，Chen Z Q，et al. Study on pore characteristics of flocs and sludge dewaterability based on fractal methods（pore characteristics of flocs and sludge dewatering）［J］. Applied Thermal Engineering，2013，58：217-223.

［13］ Feng G H，Tan W，Geng Y M. Optimization Study of Municipal Sludge Conditioning，Filtering and Expressing Dewatering by Partial Least Squares Regression ［J］. Drying Technology，2014，32：841-850.

［14］ Loginov M，Citeau M，Lebovka N. Evaluation of low-pressure compressibility and permeability of bentonite sediment from centrifugal consolidation data ［J］. Separation and Purification Technology，2012，92：168-173.

［15］ Tien C，Ramarao B V. Can filter cake porosity be estimated based on the Kozeny-Carman equation ［J］. Powder Technology，2013，237：233-240.

第 **5** 章 ▲▲▲▶

絮凝剂复合调理强化污泥脱水技术

我国对污泥不同处置方式的标准主要包括《城镇污水处理厂污泥处置农用泥质》（CJT 309—2009）、《生活垃圾填埋场污染控制标准》（GB 16889—2008）、《城镇污水处理厂污泥处置土地改良用泥质》（GB/T 24600—2009）、《城镇污水处理厂污泥处置混合填埋用泥质》（GB/T 23485—2009）以及《城镇污水处理厂污泥处置污泥单独焚烧用泥质》（GB/T 24602—2009）等，这些标准均要求污泥脱水后滤饼固含量（质量分数）大于 40%，因此如何提高污泥脱水后滤饼的固含量是本书的重要内容。

本章针对城市污泥采用化学絮凝剂复合调理预处理技术，提出评价污泥过滤特性的参数；基于均匀实验设计，分析了絮凝剂用量、过滤压力和压榨压力在污泥脱水过程中的相对重要性及其对污泥脱水特性的影响。在此基础上，阐述了复合化学絮凝调理污泥的过滤压榨机理，介绍了压榨压力对污泥脱水过程的影响，优化过滤压榨脱水工艺，为污泥强化脱水工艺的设计提供参考。

5.1 实验设计

5.1.1 实验物料

本实验所用物料取自温州某城市污水处理厂经带式真空压滤机机械脱水后的污泥，原污泥特性参数见表 5-1。为防止污泥中的微生物活性对后续实验结果产生影响，取回的污泥直接放于 4℃ 的冰箱内恒温保存以确保实验的可靠性。

表 5-1　原污泥特性参数

参数	TSS(质量分数)/%	VSS(质量分数)/%	VSS/TSS	COD/(g/L)	pH 值
数值	11.3	6.5	57.5	1.4	6.8

5.1.2　絮凝剂筛选

由于有机絮凝剂聚丙酰胺等难于降解，长期滞留于环境中，影响动植物生长，危害人类的身体健康，因此含有聚丙烯酰胺的物质不能直接排放。另外，由于无机絮凝剂一般用于高压的机械脱水设备中，例如板框压滤机[1,2]。因此本章只考虑添加无机絮凝剂聚合氯化铝（PAC）和氯化铁（$FeCl_3$）以及助滤剂生石灰（CaO）、粉煤灰和硅钙渣调理污泥的效果。其中无机絮凝剂和 CaO 均为分析纯，粉煤灰取自内蒙古呼和浩特市托克托县发电厂的煤燃烧得到的粉煤灰，粒度在 $50\mu m$ 左右；硅钙渣取自大唐再生资源有限公司高铝粉煤灰生产氧化铝的副产物，通过研磨得到粒度 $50\mu m$ 左右的粉末。

采用真空抽滤设备定性分析无机絮凝剂、助滤剂以及无机絮凝剂和助滤剂的复合使用改善污泥脱水速率的效果，初步选择无机絮凝剂和助滤剂的最优组合方式。其实验步骤如下[3]。

① 将原污泥用自来水稀释至质量浓度为 5% 的悬浮液。

② 将无机絮凝剂 PAC 和 $FeCl_3$ 分别调配成浓度为 20g/L 的溶液待用，具体调配步骤为：首先将 20g 无机絮凝剂粉末加入 980g 自来水中，用机械搅拌器以 250r/min 的转速搅拌 2min 以加速无机絮凝剂的溶解，随后以 50r/min 搅拌 15min 使絮凝剂的分子链被充分打开。

③ 将一定量的无机絮凝剂溶液缓慢倒入稀释的污泥悬浮液中，用机械搅拌器以 200r/min 的转速搅拌 5min 以加速无机絮凝剂和污泥悬浮液的混合，随后以 50r/min 转速搅拌 15min 促进污泥絮体的增长。

④ 加入一定量的助滤剂搅拌 5min 形成均匀的污泥悬浮液。

当只采用助滤剂调理污泥时，只需完成第 4 步操作。

表 5-2 为对添加不同调理剂时对污泥进行真空抽滤实验得到的结果。从表 5-2 可以看出，单独添加无机絮凝剂或助滤剂均能提高过滤速率。单独投加无机絮凝剂时，PAC 和 $FeCl_3$ 调理的污泥 10min 内的滤液量分别是未经处理污泥滤液量的 1.6 倍和 2.3 倍（PAC 和 $FeCl_3$ 的投加剂量均为污泥干

固相质量的 6%），$FeCl_3$ 的作用明显优于 PAC 的作用。单独投加助滤剂时，CaO、粉煤灰和硅钙渣调理的污泥 10min 内的滤液量分别为未经处理污泥滤液量的 3.9 倍、1.5 倍和 1.4 倍（助滤剂投加量均为污泥干固相质量的 100%），可见 CaO 在改善污泥过滤脱水性能方面的作用明显优于粉煤灰和硅钙渣。

表 5-2　添加不同调理剂时污泥真空抽滤实验结果

调理剂	剂量（与污泥干固相质量比）/%	滤液量/g	压力/MPa	与空白实验滤液量的比值
空白	0	15	0.09	1
PAC	6	24	0.04	1.6
$FeCl_3$	6	35	0.04	2.3
CaO	100	59	0.09	3.9
粉煤灰	100	23	0.09	1.5
硅钙渣	100	21	0.09	1.4
$FeCl_3$ 和 CaO	6（CaO：100）	99	0.09	6.6
$FeCl_3$ 和粉煤灰	6（粉煤灰：100）	47	0.09	3.1
PAC 和 CaO	6（CaO：100）	90	0.09	6
PAC 和粉煤灰	6（粉煤灰：100）	33	0.09	2.2

当无机絮凝剂和粉煤灰复合调理污泥时，其脱水效果基本是二者单独添加时的加和；而当无机絮凝剂和 CaO 复合使用时，其脱水效果优于二者单独投加的加和，这主要是由于复合调理时无机絮凝剂和 CaO 之间具有一定的相互作用所致，后续将展开进一步的研究。另外，$FeCl_3$ 和 CaO 的复合调理效果与 PAC 和 CaO 的复合调理效果相当，但由于 $FeCl_3$ 的腐蚀性较强，易腐蚀脱水设备及输运管道，对溶解设备和投加设备的防腐要求较高，具有刺激性气味，操作条件较差，因此选用 PAC 和 CaO 复合使用对污泥进行调理。

5.1.3　过滤压榨脱水实验装置

本章所用过滤压榨脱水实验装置如图 5-1 所示，本装置为连续加压过滤脱水装置，不同于第 4 章所用的间歇过滤装置。

本装置主要由过滤压榨单元、活塞、推杆、液压站、控制系统、进料装置、空气压缩机等组成，其中滤室直径为 177.5mm，污泥进口直径 10mm，

推杆　压力表　进料管　过滤压榨单元

进料装置　液压站　控制系统

图 5-1　过滤压榨脱水实验装置

两个滤液出口直径均为 6mm，2 个排液面，滤室容积可通过推杆自由调节。与压榨实验装置配套选用型号为 6605J-44 的气动隔膜泵进料，该泵能够实现连续进料。本装置与实际污水处理厂的脱水设备结构相似，已相当于中试实验设备。选用 P750B 滤布作为过滤介质，进料污泥固相质量含量 5%，为了与实际生产过程相匹配，滤室厚度设置为 35mm。过滤压榨实验流程如图 5-2 所示。

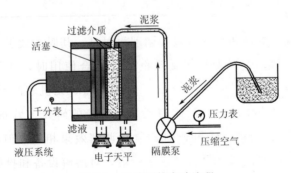

过滤介质　泥浆

活塞

千分表

滤液

液压系统　电子天平　隔膜泵

泥浆

压力表

压缩空气

图 5-2　过滤压榨实验流程

采用筛选出的絮凝调理剂（PAC 和 CaO）对原污泥进行调理，过滤压榨脱水实验的具体步骤为：

① 用隔膜泵将调理好的污泥连续输入实验装置，进行过滤操作；

② 过滤操作完成后，启动液压设备，推杆推动活塞挤压滤饼进行压榨脱水操作。

理论上当滤饼中各个粒子能够相互接触时，认为过滤过程结束，但实际上该点是很难确定的。本节采用观察法确定过滤结束时刻，即当滤液流速小于 10g/min［0.04g/(cm² · min)］时，认为过滤阶段结束。通过实验验证该法符合 Shirato's 等[4] 提出的图像法，绘制 $dV/d\sqrt{t}$ 曲线，曲线中的转变点对应的时间即为终止过滤操作的时间。当压榨滤液流速小于 1g/min［0.004g/(cm² · min)］时，停止压榨。电子天平用于连续测量滤液的质量，数显百分表用于测量压榨过程中滤饼厚度随压榨时间的变化，实验完毕后将滤饼取出在 105℃下烘 24h 直至恒重，测量滤饼固含量。另外，调理剂剂量、进料压力和压榨压力的大小分别参照均匀设计表的设计安排。

5.1.4 过滤压榨脱水实验设计

采用均匀设计方法设计过滤压榨实验，考察各因素对脱水过程的影响。均匀试验设计是 1978 年由方开泰和王元教授提出的，根据数论在多维数值积分中的应用原理，构造一套均匀设计表，用来进行均匀设计。若试验点按一定规律充分均匀地分布在试验区域内，每个试验点都具有一定的代表性，则称该方案具有均匀性。均匀设计同样遵循均匀分布这一特点，相对于全面试验和正交试验设计，其最主要的优点是能够大幅度地减少试验次数，缩短试验周期，从而大量节约人工和费用。然而均匀设计的结果没有整齐可比性，分析结果不能采用一般的方差分析方法，通常要用回归分析或逐步回归分析的方法[5]。

采用均匀设计中的混合水平表设计本实验，混合水平即每个因素的水平并不相同，均匀设计混合水平表的代号及含义如图 5-3 所示。

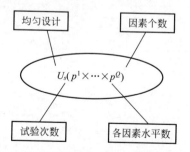

图 5-3 均匀设计混合水平表的代号及含义

为了研究 PAC 剂量、CaO 剂量、过滤压力以及压榨压力 4 个因素对城市污泥过滤压榨脱水特性的影响，选用均匀设计表 U_{12}（12×6×6×6）设计该实验，各因素水平见表 5-3。

表 5-3　均匀设计表 U_{12}（12×6×6×6）

序号＼因素	1	2	3	4
1	1	2	2	6
2	2	3	4	5
3	3	5	6	4
4	4	6	2	3
5	5	1	4	2
6	6	3	6	1
7	7	4	1	6
8	8	6	3	5
9	9	1	5	4
10	10	2	1	3
11	11	4	3	2
12	12	5	5	1

实验中 PAC 剂量为 12 水平，CaO 剂量、过滤压力以及压榨压力均为 6 水平，共包含 12 组实验，具体实验方案见表 5-4。

表 5-4　实验方案

试验序号＼独立变量	PAC（与污泥干固相质量比）/%	CaO（与污泥干固相质量比）/%	压榨压力 /MPa	过滤压力 /MPa
1	0	15	2	0.8
2	2	30	3	0.7
3	3	60	4	0.5
4	4	75	2	0.9
5	6	0	3	0.6
6	8	30	4	0.3
7	10	45	1	0.8
8	12	75	2.5	0.7
9	14	0	3.5	0.5
10	16	15	1	0.9
11	18	45	2.5	0.6
12	20	60	3.5	0.3

5.1.5 基于偏最小二乘法的二次多项式回归

微积分数学知识表明分段多项式能够逼近任何函数，二次多项式因其结构简单，测量精度较高，故而被许多研究人员采用[6~8]，本书亦采用二次多项式对实验数据进行拟合分析。式(5-1) 为二次多项式的表达式：

$$y = a_0 + \sum_{i=1}^{n} a_i x_i + \sum_{i=1}^{n} a_{ii} x_i^2 + \sum_{i=2}^{i=n} \sum_{j=1}^{i-1} a_{ij} x_i x_j + \Delta \tag{5-1}$$

式中　y——因变量；

　x_i，x_j——自变量；

　a_0——常数；

　a_i——一次项系数；

　a_{ii}——二次项系数；

　a_{ij}——交互作用项系数；

　Δ——随机误差项。

本实验包含 4 个独立变量，若要得到式(5-1) 中所有的系数则需要 N 次实验，其计算见式(5-2)：

$$N = \frac{m(m+3)}{2} \tag{5-2}$$

式中　m——独立变量的个数。

由于本试验的试验次数只有 12 次，采用普通的最小二乘法不能回归出式(5-1) 中所有的系数，因此本实验采用偏最小二乘法（PLS）进行二次多项式回归分析。偏最小二乘法能够有效地避免因试验次数不足带来的不能完全回归的问题，另外当自变量之间存在较强的相关性时也通常采用偏最小二乘法[9~11]。偏最小二乘法将自变量和因变量数据集投影到一系列的潜变量 t_j 和 u_j 上，其中，t_j 和 u_j 应最大可能地包含自变量和因变量的信息，相关程度最大。t_j 和 u_j 的计算公式如式(5-3) 和式(5-4) 所示（$j=1$，2，…，A），其中 A 是潜变量的个数，w_j 和 q_j 分别为使潜变量的协方差最大，即潜变量之间相关系数最大时的权重系数。式(5-5) 为 t_j 和 u_j 之间建立的回归方程，其中 b_j 为系数，e_j 为误差向量。

$$t_j = x_j w_j \tag{5-3}$$

$$u_j = y_j q_j \tag{5-4}$$

$$u_j = b_j t_j + e_j \tag{5-5}$$

偏最小二乘的回归分析过程中，每对潜变量依次被提取，而后计算提取后的残差，其计算公式见式(5-6)。

$$PRESS_j = \sum_{k}^{l} \sum_{i}^{n} (y_{ik} - \hat{y}_{ik})^2 \qquad (5-6)$$

式中　$PRESS_j$——第 j 步的残差预测平方和；

$\quad\quad y_{ik}$——因变量第 i 步的实际观测值；

$\quad\quad \hat{y}_{ik}$——因变量第 i 步的预测值。

当 $PRESS_j - PRESS_{(j-1)}$ 小于预定精度时，迭代过程结束，否则继续提取潜变量。一般情况下，应用偏最小二乘法进行二次多项式回归分析时，潜变量的对数不超过试验中自变量的个数。

二次多项式的准确度由决定系数 R^2 和均方根误差 $RMSE$ 进行评价，$RMSE$ 的计算公式见式(5-7)：

$$RMSE = \sqrt{\sum_{i=1}^{n} (\hat{y}_i - y_i)^2 / n} \qquad (5-7)$$

式中　y_i，$\hat{y}_i$——实验观测值和相应的模型预测值；

$\quad\quad n$——观测值个数。

$RMSE$ 值表示回归模型的精确程度，$RMSE$ 越小说明回归模型越准确。

5.2　影响因素的相对重要性分析

5.2.1　评价污泥过滤特性的参数

过滤脱水特性和滤饼固含量通常被用于评价污泥的脱水特性。过滤脱水特性通常由过滤比阻（SRF）评价，SRF 反映了液相通过逐渐形成的滤饼的能力，反映了过滤速度的快慢；而滤饼固含量反映了污泥的可脱水程度[12]。SRF 的计算是以 Ruth 方程为基础的，通过实验数据计算得到，然而 Ruth 方程假定滤饼的孔隙率为常数，以不可压缩物料为基础推导得到。对于污泥这类高可压缩性物料，根据 SRF 设计污泥脱水设备是不准确的，因此，SRF 仅可作为比较不同调理剂或不同剂量调理剂对脱水产生的影响[13~15]。另外，随着助滤剂添加量的增加，SRF 反映的助滤剂的特性越来越多，而对原污泥的特性则反映的越来越少，此时 SRF 不能真正地反映污泥的脱水特性。因此应当引入单位时间滤液量这一物理变量来代替 SRF，Sørensen 等[16] 认为该变量能够较准确地评价污泥的过滤性能。

上述参数仅用于评价污泥的过滤脱水阶段，而对于压榨阶段，可采用压榨速率（单位时间的压榨滤液量）来评价。由于助滤剂的添加导致最终滤饼质量增加，助滤剂剂量越大，滤饼所包含的助滤剂越多而污泥中的固相则越少，添加助滤剂后，即使调理污泥的总处理能力增加，但净污泥的产量如何变化，值得深入研究。净固相产量指单位时间单位面积上污泥干固相的产率，是作为评估污泥整个脱水过程处理能力的重要指标[17]。另外，采用总循环时间（过滤时间与压榨时间之和）评估过滤和压榨整个脱水过程的操作时间。

因此，城市污泥过滤压榨脱水特性的评价指标可归纳为下列 8 个参数：

① 滤饼固含量（质量分数）（y_1，%）；
② 过滤速率（y_2，g/min）；
③ 过滤时间（y_3，min）；
④ 压榨速率（y_4，g/min）；
⑤ 压榨时间（y_5，min）；
⑥ 总循环时间（y_6，min）；
⑦ 净固相产量［y_7，kg/(h·m^2)］；
⑧ 压缩系数（y_8）。

考虑的独立变量即影响因素为：聚合氯化铝（PAC）剂量（x_1，与污泥干固相质量比，%，质量分数），生石灰（CaO）剂量（x_2，与污泥干固相质量比，%，质量分数），压榨压力（x_3，Pa）和过滤压力（x_4，Pa）。

5.2.2 相对重要性分析

利用 DPS 数据处理软件（7.05 版）对实验中的独立变量（影响因素）进行相关性分析，各独立变量之间的相关系数见表 5-5。由表 5-5 可以看出压榨压力与过滤压力之间的相关性较强，相关系数为 −0.76，较强的相关系数表明采用偏最小二乘法对实验数据进行二次多项式回归分析是必要的。

表 5-5 各独立变量之间的相关系数

相关系数	x_1	x_2	x_3	x_4
x_1	1	0.07	−0.07	−0.40
x_2	0.07	1	0	0
x_3	−0.07	0	1	−0.76
x_4	−0.40	0	−0.76	1

　　标准回归系数是将实验数据进行标准化后进行回归得到的回归系数，不同于回归模型的系数。标准回归系数主要用于判断不同因素对评价指标作用的相对重要性。图 5-4 为二次多项式回归模型的标准回归系数，可以看出，CaO 对每个评价指标的标准回归系数均在 0.7 左右，表明在污泥的过滤脱水过程中 CaO 的作用非常显著，PAC 的作用仅次于 CaO，而过滤压力和压榨压力的作用相对于无机絮凝剂及助滤剂并不明显。以下章节将对各个影响因素的相对重要性进行详细分析。

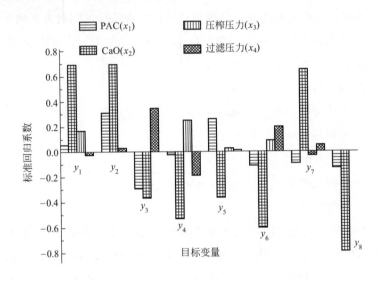

图 5-4　二次多项式回归模型的标准回归系数

　　（1）固含量（y_1）

　　脱水后滤饼固含量是污泥处理中最重要的评价指标，图 5-4 的标准回归系数表明，CaO 对该评价指标的影响最为显著，其次是压榨压力，而 PAC 和过滤压力的作用甚微。CaO 的投加导致新悬浮液的形成（包含原污泥固相和 CaO），随着 CaO 剂量的加大，新悬浮液逐渐表现为 CaO 的特性。由于 CaO 易于过滤，压榨脱水后滤饼固含量较高，因此 CaO 的投加提高了新悬浮液经过滤压榨脱水后的滤饼固含量；另外，CaO 作为一种碱性氧化物，能够破坏污泥的细胞结构，致使被包裹在细胞内的间隙水释放为自由水，提高了污泥的可脱水程度。PAC 调理污泥时，主要表现为电中和和架桥吸附，而电中和和架桥吸附均发生在污泥胶体颗粒之间，而非胶体颗粒的内部，因此 PAC 的投加对滤饼固含量几乎无影响。

　　（2）过滤速率（y_2）

如图 5-4 所示，过滤速率主要由 CaO 和 PAC 剂量决定，二者均可提高污泥过滤性能，但二者同时投加效果更优，此结论与真空抽滤实验的结论一致。PAC 调理污泥时，起作用的并不是 Al^{3+}，而是 Al^{3+} 在碱性环境下形成的金属多核络合物 $Al^{3+}(H_2O)_6$。该络合物吸附在带负电荷的胶体粒子表面，电中和的作用使带负电的胶体粒子失稳；并在粒子间形成架桥，使粒子彼此凝结成团，有利于形成较大的絮体。另外，在碱性环境下，将会有不溶性的 $Al(OH)_3$ 析出，包覆在污泥颗粒上，使粒子失去稳定性，聚集成较大的絮体，从而提高了过滤速率。CaO 和 PAC 之间的相互作用有利于形成更加均匀、强度更大的污泥网络结构，有助于提高过滤速率。在污泥脱水过程中，PAC 不仅扮演着无机絮凝剂的角色，还兼任助滤剂的作用，这与 Lai 和 Chen 等得出的结论一致[18,19]。此外，较高的过滤压力并未提高污泥的过滤速率，这主要是由于在较高过滤压力下，滤饼与过滤介质交界面处将会形成一层高度致密的薄膜，导致 SRF 急剧增大。

（3）过滤时间（y_3）

对于过滤时间这一评价指标，CaO 剂量、PAC 剂量以及过滤压力 3 个因素的作用相当。CaO 的投加降低了污泥比阻和压缩系数，提高了过滤速率，缩短了过滤时间。较高的过滤压力增加了污泥进料的驱动力，有助于提高污泥的处理能力，同时较高的过滤压力增大了滤饼的挤压力，有助于形成结构更加紧凑的滤饼。但是，提高过滤压力对改善过滤速率无益，因此污泥处理能力的提高必然以延长进料时间为代价。关于 PAC 对过滤时间的作用将在下一节进一步讨论。

（4）压榨速率（y_4）

对于大部分固液悬浮体系，压榨速率较过滤速率慢，因此其脱水能力通常由过滤阶段控制。标准回归系数表明，压榨速率主要受 CaO 剂量控制，其次为压榨压力，过滤压力对其具有一定的负作用，PAC 的作用甚微。

（5）压榨时间（y_5）

从图 5-4 可以看出 CaO 剂量和 PAC 剂量对压榨时间具有显著作用，而压榨压力作用轻微，过滤压力的影响可忽略。在较高压榨压力下，污泥颗粒变形严重，部分毛细水被挤出，由于毛细水的去除速率较慢，因此压榨时间稍微延长。

（6）总循环时间（y_6）

总循环时间包括过滤时间和压榨时间，为适应生产需要，通常将其限制在 3h 内。从图 5-4 可以看出，仅 CaO 剂量对该评价指标具有显著的负作用，其次为过滤压力（表现为正作用），PAC 剂量和压榨压力的作用细微。

（7）净固相产量（y_7）

污泥净固相产量主要用于评价投加大量助滤剂时污泥的处理效率。标准回归系数表明，该评价指标主要由 CaO 的剂量控制，压榨压力和过滤压力的提高并未提高净固相产量，PAC 对该评价指标的作用轻微但较复杂，其具体作用将在以下章节进行详细讨论。

（8）压缩系数（y_8）

压缩性在固-液分离过程中的作用显著。图 5-4 的标准回归系数表明，CaO 对该评价指标具有显著的负作用，这主要归因于 CaO 的骨架支撑作用。PAC 对压缩系数的影响较为复杂。少量的 PAC 投加到污泥中时，PAC 和污泥颗粒之间发生电荷中和，导致污泥絮体的形状更加规则、更加紧凑，从而降低污泥体系的压缩性。随着 PAC 剂量的增加，悬浮液中的胶体颗粒重新带上正电荷，颗粒之间相互排斥，形成较松散的絮体，滤饼的可压缩性随之提高。

在污泥的过滤压榨脱水过程中，CaO 对过滤速率、滤饼固含量等评价指标具有最为显著的作用；PAC 对过滤速率、净固相产量等作用明显，其显著性仅次于 CaO。相对于无机絮凝剂与助滤剂，过滤压力和压榨压力的作用并不显著，过滤压力只对过滤时间、总循环时间以及压榨速率具有一定影响；而压榨压力仅对滤饼固含量及压榨速率具有正作用。

5.3　过滤压榨脱水过程优化研究

利用 DPS 软件对实验数据分析得到的标准回归系数可用于比较各独立变量（影响因素）对整个过滤压榨脱水过程的相对重要性，而其对独立变量与评价指标进行的二次多项式回归得到的回归模型［式(5-8)］可用于预测不同 PAC 剂量、不同 CaO 剂量、不同过滤压力以及不同压榨压力下各评价指标（$y_1 \sim y_8$）的值。表 5-6 为式(5-8)中的各评价指标的回归模型参数，表 5-7 为各评价指标回归模型的决定系数（R^2）和均方根误差（$RMSE$），除过滤时间和总循环时间外，其他 6 个评价指标回归模型的 R^2 值均在 0.9 以上，$RMSE$ 值均较低，表明回归模型的准确性较高，由该模型预测的评价指标的值是可靠的。为量化各独立变量（PAC、CaO、过滤压力以及压榨压力）在污泥过滤压榨脱水过程中的作用，本节主要利用回归模型来预测不同条件下各评价指标的值。

$$y_i = a_0 + a_1 x_1 + a_2 x_2 + a_3 x_3 + a_4 x_4 + a_{11} x_1^2 + a_{22} x_2^2 + a_{33} x_3^2 + a_{44} x_4^2 +$$
$$a_{12} x_1 x_2 + a_{13} x_1 x_3 + a_{14} x_1 x_4 + a_{23} x_2 x_3 + a_{24} x_2 x_4 + a_{34} x_3 x_4 \quad (5\text{-}8)$$

式中 y_i——各评价指标，$i=1\sim8$；

              a_0——常数；

              $a_1 \sim a_4$——一次项系数；

              a_{11}，a_{22}，a_{33}，a_{44}——二次项系数；

a_{12}，a_{13}，a_{14}，a_{23}，a_{24}，a_{34}——交互作用项系数。

表 5-6   各评价指标的回归模型参数

模型参数	y_1	y_2	y_3	y_4	y_5	y_6	y_7	y_8
a_0	45.337	31.58	97.76	10.39	67.24	155.13	0.045	1.24
a_1	−0.242	0.770	−0.018	−0.018	−1.664	−2.658	0.114	−0.05
a_2	−0.188	0.904	−0.928	−0.067	−0.458	−1.189	0.681	−0.003
a_3	0.296	—	—	0.211	−1.402	−2.019	0.012	—
a_4	−1.431	−0.370	−5.113	0.100	1.501	2.741	0.251	—
a_{11}	0.006	0.022	−0.105	−0.001	0.062	−0.005	−0.133	0.003
a_{22}	0.002	−0.011	0.012	0.0005	0.007	0.016	−0.378	−0.00003
a_{33}	−0.009	—	—	−0.005	0.014	0.025	0.012	—
a_{44}	0.054	−0.051	0.597	−0.109	0.398	0.460	0.018	—
a_{12}	0.003	−0.008	0.007	−0.0002	0.009	0.007	−0.161	−0.00009
a_{13}	0.007	—	—	−0.003	0.059	0.095	−0.116	—
a_{14}	−0.026	−0.044	0.156	0.018	−0.207	−0.093	0.094	—
a_{23}	0.003	—	—	−0.001	0.011	0.007	−0.170	—
a_{24}	0.015	0.048	−0.047	0.001	−0.092	−0.103	0.144	—
a_{34}	0.012	—	—	0.031	−0.051	−0.079	−0.038	—

表 5-7   各评价指标回归模型的决定系数和均方根误差

评价指标	y_1	y_2	y_3	y_4	y_5	y_6	y_7	y_8
R^2	0.96	0.95	0.87	0.93	0.99	0.89	0.92	0.96
$RMSE$	3.23	2.78	10.47	4.4	1.99	10.1	4.7	3.2

5.3.1 CaO 对污泥脱水性的影响

从图 5-4 的标准回归系数可以看出，CaO 在污泥过滤和压榨脱水过程中的作用非常显著。当 PAC 剂量、过滤压力和压榨压力分别为 8%（质量分数）、0.6MPa 和 2MPa 时，改变 CaO 的投加量进而量化其在污泥脱水中的具体作用。

由于总循环时间为过滤时间和压榨时间的加和，因此只分析总循环时间和 CaO 投加量之间的关系即可。图 5-5 为 CaO 剂量对过滤和压榨阶段的作用。

从图 5-5 中可以明显看出，CaO 对滤饼固含量和过滤速率具有正作用；而对压榨速率、总循环时间和压缩系数具有显著的负作用，如图 5-6 所示。CaO 调理污泥有助于提高污泥悬浮液的机械强度和渗透性，使其在过滤过程中能够保持多孔状态，从而降低过滤阻力和压缩系数，提高过滤速率和污泥处理能力。然而，当 CaO 剂量超过 50% 时，过滤速率（y_2）变化平缓，这可能是由于 CaO 的大量添加导致污泥浓度升高，从而降低总滤液量而引起的。CaO 的投加降低了滤饼的可压榨程度，导致压榨阶段的滤液量减少，V_{filt}/V_{tot} 增加，其中 V_{filt} 和 V_{tot} 表示分别表示过滤阶段和总脱水阶段中的滤液量。

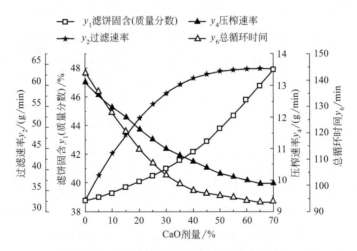

图 5-5　CaO 剂量对过滤和压榨阶段的作用

图 5-6 为 CaO 剂量对整个脱水过程的作用，从图 5-6 可以看出，CaO 剂量与净固相产量的关系中存在拐点。CaO 投加量较低时有利于形成多孔的、渗透性较强的絮体结构，从而增加了滤液量，减少了总循环时间，因此净固相产量增加。但随着 CaO 剂量的增加，新的悬浮液中包含大量的 CaO 颗粒，即使总固相产量提高，净固相产量基本不变。本书研究范围内，最佳

CaO 剂量约为 50%（质量分数）。

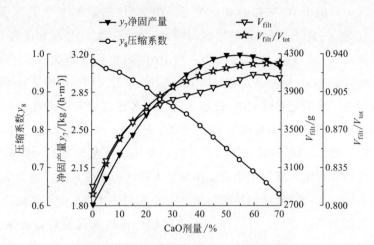

图 5-6　CaO 剂量对整个脱水过程的作用

5.3.2　PAC 对污泥脱水性的影响

PAC 对城市污泥过滤和压榨整体脱水过程的影响极其复杂。当 CaO 剂量、过滤压力和压榨压力分别为 30%（质量分数）、0.6MPa 和 2MPa 时，不同 PAC 剂量对过滤和压榨阶段的作用、对整个脱水过程的作用和对滤液量的作用如图 5-7~图 5-9 所示。

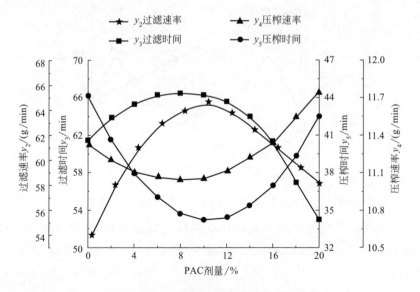

图 5-7　PAC 剂量对过滤和压榨阶段的作用

图 5-7 表明了过滤速率（y_2）、过滤时间（y_3）、压榨速率（y_4）和压榨时间（y_5）随 PAC 剂量的变化关系。当 PAC 剂量小于 10%（质量分数）时，y_2 和 y_3 随 PAC 剂量的增加而增大，而 y_4 和 y_5 呈现相反的变化趋势。压榨速率（y_4）的变化幅度较小，当 PAC 剂量从 0 增加到 20%（质量分数）时，y_4 仅从 11g/min 增加到 11.7g/min，表明 PAC 剂量对压榨速率的影响较小，在确定最佳 PAC 投加量时仅需考虑过滤阶段。对于本城市污泥样品，最佳的 PAC 剂量约为 10%（质量分数）。当 PAC 剂量小于 10%（质量分数）时，PAC 在碱性环境下形成的金属多核络合物与污泥颗粒之间发生电荷中和现象，使污泥中的胶体颗粒失稳从而实现絮凝，进而形成大而致密的絮体，提高了絮体的抗剪切强度，使其在过滤过程中不易破碎，相应的污泥的压缩系数降低、过滤速率、净固相产量以及过滤阶段滤液量（V_{filt}）均大幅增加。压缩性的降低导致滤饼的可压榨程度降低，因此压榨阶段滤液量（V_{exp}）减小（图 5-8 和图 5-9）。当 PAC 剂量大于 10%（质量分数）时，污泥悬浮液中过量的金属多核络合物使污泥颗粒带上正电荷，颗粒之间相互排斥，重新稳定在污泥悬浮液中，污泥的絮体结构重新恢复为小而松散的状态，恶化污泥的脱水性能。

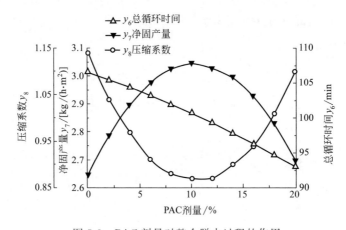

图 5-8　PAC 剂量对整个脱水过程的作用

综上所述，城市污泥的脱水速率主要受控于过滤阶段，且对于过滤速率和净固相产量这两个重要的评价指标，最佳 PAC 的剂量基本一致，约为 10%（质量分数）。因此，在确定最佳 PAC 剂量时只需要考虑过滤阶段。

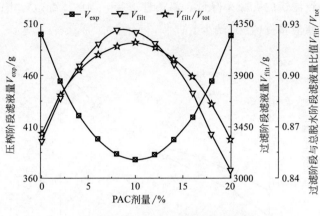

图 5-9　PAC 剂量对滤液量的作用

5.3.3　过滤压力对污泥脱水性的影响

　　污泥的过滤阶段实际上是在不同压力下的进料过程，因此过滤压力对过滤和压榨阶段的作用非常重要。综合分析各影响因素对污泥脱水特性的相对重要性得出，除过滤时间、压榨速率和总循环时间以外，过滤压力对其他各项评价指标基本无影响。当 PAC 剂量、CaO 剂量和压榨压力分别为 8%（质量分数）、30%（质量分数）和 2MPa 时，过滤压力对过滤和压榨阶段及对滤液量的作用如图 5-10 和图 5-11 所示。图 5-10 表明，较高的过滤压力能够提高总进料量，但由于高的过滤压力对过滤速率无益，因此污泥处理量的增加是以延长过滤时间为代价的。此外，在较高的过滤压力下泥饼颗粒变形

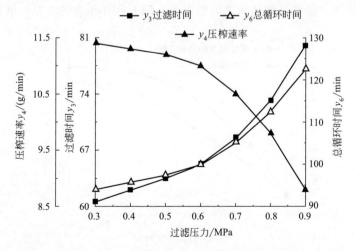

图 5-10　过滤压力对过滤和压榨阶段的作用

严重，导致滤饼的孔隙率降低，渗透性下降，因此压榨过程中的压榨速率降低，压榨滤液量（V_{exp}）减少，V_{filt}/V_{tot} 增加，如图 5-11 所示。

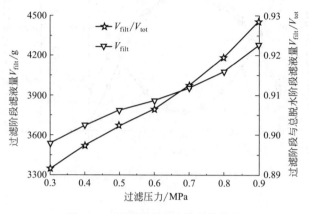

图 5-11　过滤压力对滤液量的作用

5.3.4　压榨压力对污泥脱水特性的影响

对于高可压缩物料的脱水，机械压榨通常是最有效的方法。污泥的压榨过程一般分为主压榨阶段、第二压榨阶段和第三压榨阶段，70%的压榨脱水取决于滤饼颗粒产生的蠕变变形[20]。

相对重要性分析表明压榨压力仅对滤饼固含量和压榨速率有一定影响，而对其他评价指标的作用甚微。图 5-12 为当 PAC 剂量、CaO 剂量以及过滤压力分别为 8%（质量分数）、30%（质量分数）和 0.6MPa 时，压榨压力与滤饼固含量和压榨速率之间的关系。随着压榨压力的增加，压榨速率和滤

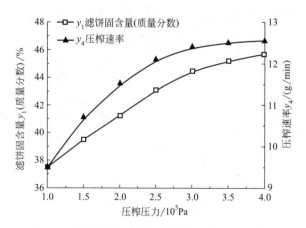

图 5-12　压榨压力对滤饼固含量和压榨速率的作用

饼固含量都随之增加，当压榨压力为 4MPa 时可获得固含量（质量分数）为 45.1％的滤饼。在第二压榨阶段，滤饼颗粒的蠕变变形主要取决于施加在颗粒上的作用力，包括机械力、静电斥力以及由高黏性水膜表面产生的曳力[21]。随着压榨压力的增加，施加在颗粒上的机械力增加，使得滤饼颗粒变形更加严重，挤压出更多的间隙水和毛细水。另外，较高的压榨压力破坏了包裹在固相颗粒表面的黏性水膜，有利于结合水的榨出，因此滤饼固含量和压榨速率提高。然而，当压榨压力达到 3.5MPa 时滤饼固含量和压榨速率的增加速率变缓，表明低压榨压力范围下，压榨压力升高的作用比高压榨压力范围下的作用显著。

5.3.5 污泥浓度对过滤压榨脱水特性的影响

城市污泥属于软固体物料，压缩性极高，同时具有类凝胶的性质，故悬浮液的浓度对实际脱水过程的影响值得深入研究。图 5-13 为 PAC 的添加量固定为 8％时污泥浓度对过滤压榨脱水过程性能的影响。由图 5-13 可以看出，随着悬浮液固相浓度的增加，过滤时间逐渐降低，但降幅较小，浓度从 3％增到 7％时，仅由 102min 降到 88min（降幅约 13.7％）；当浓度增至 9％时，过滤时间降幅 36.2％，而压榨时间变化不明显。然而过滤液量和压榨液量随浓度的增加降幅较大，过滤液量由 6060mL 降至 3500mL（浓度从 3％增到 5.4％），浓度增至 9％时滤液量降为 1900mL，降幅约 68.6％。然而过滤压榨脱水结束后，滤饼质量增幅较明显，由 357g 增至 541g（浓度从 3％增到 7％），但当浓度继续增大至 9％时，滤饼质量降低但滤饼的固相质量含量基本相同。

当悬浮液浓度较低时，相同固相质量所对应的悬浮液较多，因此过滤液量较多。同时滤液浓度较低时，不利于形成密实的滤饼结构，因此对应的压榨液量较大，最终滤饼的重量较低。但由于压榨脱水过程去除的大部分是自由水，而对污泥中结合水的去除较少，故最终滤饼的固相含量接近。从生产能力方面比较，悬浮液浓度为 7％时，其最终得到的滤饼质量最大；从生产效率来看，浓度 7％的悬浮液对应的干固相产量为 1.262g/min，浓度 9％的悬浮液对应的干固相产量为 1.258g/min，二者几乎一致。因此，对于污泥这类软固体体系，其悬浮液浓度并不是越大越好。若生产工艺过程需要降低生产时间时，可调整悬浮液浓度至 9％；当追求较高批处理量时，可将悬浮液浓度调至 7％。

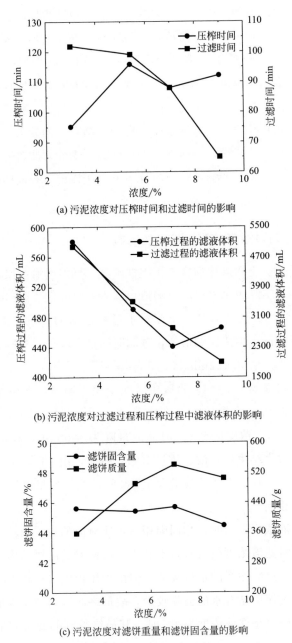

(a) 污泥浓度对压榨时间和过滤时间的影响

(b) 污泥浓度对过滤过程和压榨过程中滤液体积的影响

(c) 污泥浓度对滤饼重量和滤饼固含量的影响

图 5-13　污泥浓度对过滤压榨脱水过程的影响

5.3.6　滤室厚度对过滤压榨脱水特性的影响

在实际的过滤压榨脱水操作过程中，滤室厚度为可调参数，目前工程中通常将其设置为 35mm，但对于软固体体系，这一厚度是否为最佳的滤室厚度，有待进一步深入研究。图 5-14 为 PAC 添加量为 8%、浓度为 7% 的悬浮液在不同滤室厚度下过滤压榨脱水特性。由图 5-14 可以看出随着滤室厚度的增加，污泥批处理量增加，但是干固相的产量基本不变，在滤室厚度为 35mm 和 45mm 下分别为 1.262g/min、1.277g/min。滤室厚度的增加，提高了污泥在滤室内的储存空间，故批处理量增大，但由于污泥体系的脱水阻力相同，故单位时间的干固相产量基本不变。另外，随着滤室厚度的增加，脱水结束后滤饼的固相质量含量从 45.7% 降低至 42.5%，表明较大的滤室厚度不利于滤饼固含量的提高。

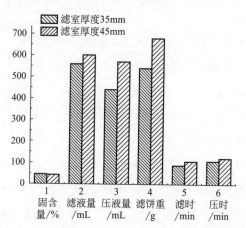

图 5-14　不同滤室厚度下的过滤压榨脱水特性

注：图中标注的滤液量为实际滤液量的 1/5

5.4　复合化学絮凝剂调理污泥压榨机理研究

化学絮凝复合调理不仅能够改善污泥过滤脱水性能，而且对改善其压榨脱水过程同样具有显著作用。基于压榨理论，本节主要介绍了复合化学絮凝剂（CaO 和 PAC）调理城市污泥的压榨机理。鉴于实际生产过程中，CaO 和 PAC 的投加量较低，为与实际生产匹配，本节采用的 CaO 剂量和 PAC 剂量分别为 20% 和 6%（与污泥干固相的质量比）。

5.4.1　复合化学絮凝剂调理污泥的压榨机理

图 5-15 为过滤压力 0.6MPa、压榨压力 2MPa 时，原污泥与调理污泥 [CaO 剂量和 PAC 剂量分别为 20%（质量分数）和 6%（质量分数）] 的压

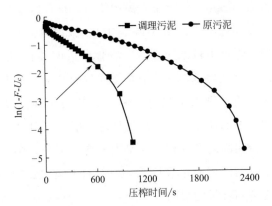

图 5-15　不同类型污泥的压榨曲线 $[\ln(1-F\text{-}U_c)$ 对压榨时间 $t]$

榨曲线 $\ln(1-F\text{-}U_c)$ 与压榨时间 t 之间的关系。表明，经复合化学絮凝剂调理的污泥仍然存在明显的第三压榨阶段（箭头的指向为第三压榨阶段的起始点），但其压榨曲线的斜率明显增大，表明絮凝调理改善了污泥滤饼结构，增加了滤饼的渗透性，降低了压榨阶段的阻力，有利于压榨脱水。

为深入剖析复合化学絮凝剂调理改善污泥压榨脱水的机理，对压榨模型中的各个参数进行了推导计算。由于不同污泥主压榨阶段的弹簧刚度 E_1 差距很大，因此将 E_1 看作单位量一来计算原污泥与调理污泥其他参数（E_1、G_2、G_3）的相对值，进而对两种污泥的压榨特性进行比较。

表 5-8 列出了原污泥与调理污泥的压榨特性参数。经复合化学絮凝剂调理后，污泥的压榨特性参数 E_2 从 0.14 降至 0.08，G_2 从 228 降至 38，G_3 从 5070 降至 1088，表明滤饼的弹性和黏性均显著下降，其原因可归结为 CaO 的作用。CaO 的加入破坏了污泥的絮体结构，污泥细胞失活，降低了污泥固相颗粒的弹性和黏性，从而导致滤饼的弹性和黏性降低。滤饼弹性的降低导致主压榨阶段占整个压榨阶段的比例显著减小——从 0.098 降至 0.017，第二压榨阶段的作用也略有下降——从 0.743 降至 0.674。CaO 的加入削弱了固相颗粒表面与水的结合强度，因而提高了结合水和毛细水的去除速率，增加了第三压榨阶段的作用（从 0.159 增至 0.298）。另外，η 反映了第二压榨阶段脱水难易程度的蠕变常数增加了近 3 倍，表明调理显著地提高了滤饼中颗粒的蠕变能力，提高了压榨脱水速率。G_3 反映了去除毛细水或结合水的难易程度，对于几乎不含结合水的污泥比如黏土污泥，其 G_3 无限大，表明脱除仅有的少量结合水几乎是不可实现的。

表 5-8　原污泥与调理污泥的压榨特性参数

污泥种类	B	F	$1-B-F$	η	E_2	G_2	G_3
原污泥	0.743	0.159	0.098	0.0006	0.14	228	5070
调理污泥	0.674	0.298	0.017	0.0021	0.08	38	1088

由上述结果可知，复合化学絮凝调理导致污泥的弹性和黏性均显著下降，进而影响了三个压榨阶段的比例分配，使得主压榨阶段和第二压榨阶段比例下降，加强了第三压榨阶段的作用。复合化学絮凝调理提高了滤饼中颗粒的蠕变能力，有利于压榨脱水速率的提高。

5.4.2　压榨压力对复合化学絮凝调理污泥压榨机理的影响

图 5-16 为复合化学絮凝调理污泥在不同压榨压力下的压榨特性曲线：图 5-16(a) 为 $\ln(1-F-U_c)$ 与压榨时间 t 的关系。在较低压榨压力下，曲线的斜率反而更大，表明压榨速率更大，这似乎有悖常理，然而该曲线关系又是合理的。在不同压榨压力下，滤饼的最终平衡厚度是不一致的，压榨压力越大，压榨液量越大，滤饼的平衡厚度越小；反之，压榨压力越小，压榨液量越小，滤饼的平衡厚度越大，如图 5-16(b) 所示。根据压榨比的定义，图 5-16(a) 的关系是合理的，但其斜率并不代表压榨速率。不同压榨压力下的压榨滤液量与压榨时间的关系如图 5-16(c) 所示，表明较高的压榨压力依然对应于较高的压榨速率：压榨速率由 7.8g/min 增至 9.4g/min，但当压榨压力增至 3.5MPa 以上时，压榨速率的变化减缓，与 Christensen 等[22] 提出的观点一致。

压榨特性参数随压榨压力的变化情况如图 5-17 所示，随着压榨压力的增加，主压榨阶段和第二压榨阶段的作用分别减小了 20.7%（从 0.058 降至 0.046）和 6.2%（从 0.699 降至 0.656），而第三压榨阶段的作用增加了 22.1%（从 0.244 增至 0.298），蠕变常数 η 增加了 9.1%（从 0.22 增至 0.24），黏性参数 G_3 降低了 20.8%（从 1154 降至 914）。首先，压榨压力的增大使滤饼的整体结构迅速垮塌，从而削弱了主压榨阶段的作用；其次，滤饼中颗粒的蠕变主要由施加在颗粒上的机械力、静电力以及固相颗粒表面的高黏性水膜产生的黏性曳力控制[22]，较大的压榨压力导致颗粒承受的机械力增大，使颗粒的蠕变能力增强，有利于提高压榨脱水速率。当主压榨阶段和第二压榨阶段结束后，结合水的去除控制着整个压榨脱水过程，压榨压力的增加在一定程度上破坏了固相颗粒与其表面结合水之间的结合能力，有利

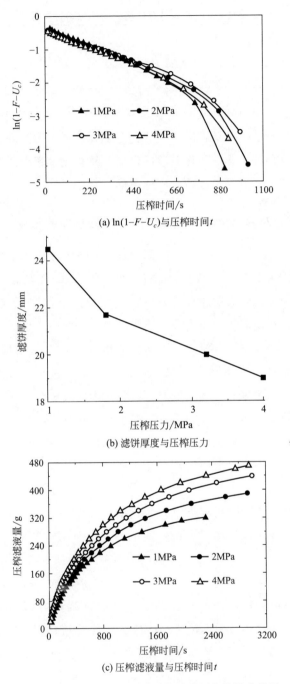

(a) ln(1−F−Uc)与压榨时间t

(b) 滤饼厚度与压榨压力

(c) 压榨滤液量与压榨时间t

图 5-16 调理污泥不同压榨压力下的压榨特性曲线图

于第三压榨阶段的脱水，因此第三压榨阶段的作用增加。由于结合水的去除速率较低，因此较高压榨压力对应于较长的压榨时间。实际上为了得到较干的滤饼，通常采用较大的压榨压力。

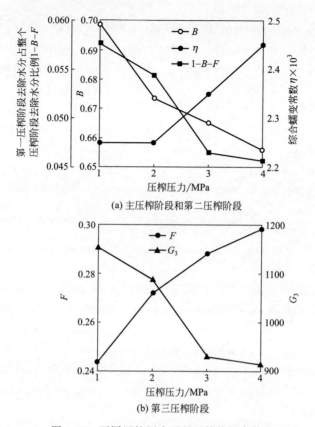

(a) 主压榨阶段和第二压榨阶段

(b) 第三压榨阶段

图 5-17　不同压榨压力下的压榨特性参数

参考文献

[1] Novak J T，Agerbook M L，Sorensen B L，et al. Conditioning filtering and expressing waste activated sludge [J]. Journal of Environmental Engineering ASCE，1999，125（9）：816-824.

[2] Qi Y，Thapa K B，Hoadley A F A. Application of filtration aids for improving sludge dewatering properties-A review [J]. Chemical Engineering Journal，2011，171（2）：373-384.

[3] 冯国红，谭蔚，陈晓楠，等. 复合调理剂对城市污泥过滤压榨特性的影响 [J]. 高校化学工程学报，2014，(4)：876-881.

[4] Shirato M，Murase T，Kato H，et al. Fundamental analysis for expression under constant pressure [J]. Filtration and Separation，1970，7：277-282.

[5] 方开泰. 均匀设计与均匀设计表 [M]. 北京：科学出版社，1994.

[6] Shehu M S，Manan Z A，Wan Alwi S R. Optimization of thermo-alkaline disintegration of sewage

sludge for enhanced biogas yield [J]. Bioresource Technology，2012，114：69-74.

[7] Kim D H，Jeong E，Oh S E，et al. Combined （alkaline + ultrasonic） pretreatment effect on sewage sludge disintegration [J]. Water Research 2010，44 （10）：3093-3100.

[8] Tan I A W，Ahmad A L，Hameed B H. Optimization of preparation conditions for activated carbons from coconut husk using response surface methodology [J]. Chemical Engineering Journal，2008，137 （3）：462-470.

[9] Lee M J，Kim Y S，Yoo C K，et al. Sewage sludge reduction and system optimization in a catalytic ozonation process [J]. Environmental Technology，2010，31 （1）：7-14.

[10] Wold S，Kettaneh Wold N，Skagerberg B，et al. Chemometrics and Intelligent Laboratory Systems [M]. 1989，7，53-65.

[11] Beck R，Svinning K，Häkkinen A，et al. Analysis of Filtration Characteristicss for Compressible Polycrystalline Particles by Partial Least Squares regression [J]. Science and Technology，2010，45：1196-1208.

[12] Ge P，Ye F X，Li Y. Comparative investigation of parameters for determining the dewaterability of activated sludge [J]. Water Environment Research，2011，83 （7）：667-671.

[13] Vaxelaire J，Olivier J. Conditioning for municipal sludge dewatering. from filtration compression cell tests to belt press [J]. Drying technology，2006，24 （10）：1225-1233.

[14] Raynaud M，Vaxelaire J，Olivier J，et al. Compression dewatering of municipal activated sludge：Effects of salt and pH [J]. Water Research，2012，46 （14）：4448-4456.

[15] Raynaud M，Heritiera P，Baudez J C，et al. Experimental characterisation of activated sludge behavior during mechanical expression [J]. Process Safety and Environment，2010，88 （3）：200-206.

[16] Sørensen B L，Sorensen P B. Structure compression in cake filtration [J]. Journal of Environmental Engineering ASCE，1997，123 （4）：345-353.

[17] Benitez J，Rodriguez A，Suarez A. Optimization technique for sewage sludge conditioning with polymer and skeleton builders [J]. Water Research，1994，28 （10）：2067-2073.

[18] Lai J Y，Liu J C. Co-conditioning and dewatering of alum sludge and waste activated sludge [J]. Water Science and Technology，2004，50 （9）：41-48.

[19] Chen S H，Liu J C，Cheng G H，et al. Conditioning and dewatering of phosphorus-rich biological sludge [J]. Drying Technology，2006，24 （10）：1217-1223.

[20] Christensen M L，Keiding K. Creep effects in activated sludge filter cake [J]. Power Technology，2007，177 （1）：23-33.

[21] Chang I L，Chu C P，Lee D J，et al. Expression dewatering of alum-coagulated clay slurries [J]. Environment Science and Technology，1997，185 （2）：335-345.

[22] Christensen M L，Keiding K. Creep effects in activated sludge filter cake [J]. Power Technology，2007，177 （1）：23-33.

第 **6** 章 ▶▶▶▶

热水解预处理强化污泥脱水技术

热水解预处理是污泥破解技术之一，其破解过程可分为 4 个阶段：a.污泥絮体结构的分解；b.微生物细胞破碎；c.有机物水解；d.美拉德反应，即蛋白质和多糖等水解释放出来的氨基和醛基发生缩聚反应，生成缩聚氨酸、氨氮及类黑素和腐殖酸等褐色物质组成的茶褐色液体。

由于热水解处理效果优于其他任何破解技术及化学絮凝调理方法，因此其是目前的主要研究方向。

本章主要分析了热水解预处理对城市污泥物理特性的影响，包括污泥结合水含量、微观结构、热值、COD、粒径等；介绍了热水解污泥过滤压榨脱水机理，为热水解污泥脱水的工艺设计提供理论依据。

6.1 热水解实验

6.1.1 实验物料

实验所用污泥取自山东省某城市污水处理厂经卧式螺旋离心机脱水后的污泥。该厂的处理工艺为活性污泥法，因此所取物料在本质上属于活性污泥，原污泥的特性参数及元素含量见表 6-1 和表 6-2。

表 6-1 原污泥特性参数

污泥类型	TSS /%	VSS /%	COD /(g/L)	结合水含量/(g/g)	体积平均粒径/μm	S/(m²/g)	pH 值	热值/(MJ/kg)
原污泥	21.3	10.2	1.9	1.45	52.1	0.50	7.5	10.8

表 6-2　原污泥元素含量（质量分数）

元素	N	C	H	S	P	SiO_2	Al_2O_3	Fe_2O_3	CaO	MgO
含量/%	3.47	26.95	3.7	1.2	3.42	11.9	14.94	2.74	23.6	2.3

6.1.2　实验装置

采用烟台天一化工实验设备有限公司生产的高温高压反应釜进行污泥的热水解反应实验。该反应釜主要由釜体、冷却水管、压力表、搅拌桨、可拆卸式加热炉、釜体倾倒机构等部件组成，反应釜特性参数见表 6-3。图 6-1 为反应釜实物图。

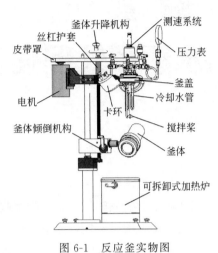

图 6-1　反应釜实物图

表 6-3　反应釜特性参数

指标	参数
有效容积	2L
设计压力	10MPa
设计温度	300℃
与物料接触材质	316L
冷却方式	冷却水管
控温方式	双控温,精度±1℃
加热方式	电加热,加热功率 1.5kW
搅拌方式	双层搅拌,搅拌转速为 0～1000r/min 无级调速

6.1.3　实验过程

污泥热水解实验具体步骤如下：

① 将 1400g 左右的污泥放入釜中，盖上釜盖，拧紧螺母。加热处理前首先通入氮气使釜内达到 2MPa 的压力（以防止污泥中的水分蒸发），然后打开放气阀；如此循环 3 次以驱逐设备内的空气，保证反应在无氧的条件下进行。

② 静置 1h，观察压力表的变化，检查反应釜的气密性。

③ 给反应釜加热，当达到设定的工艺温度后保温 1h。

④ 热水解实验结束后，关闭电源，通过釜内的冷却排管对污泥进行冷却待温度降至室温，压力降至常压后将釜体倾斜，倒出物料取样分析。

6.2 热水解温度对污泥物理特性的影响

污泥是由有机残片、微生物菌胶团、寄生虫卵和无机颗粒等组成的胶体体系。污泥中的有机组分主要包括微生物生长和代谢过程中产生的高分子聚合物（约占有机组分的 50%～90%）以及微生物絮体吸附的有机物质（碳水化合物、蛋白质、脂肪及核酸）。污泥中的淀粉、糖类、纤维素等碳水化合物占有机组分的 50% 左右，脂肪占 20% 左右，蛋白质占 30% 左右[1]。

本实验所用污泥的固相质量含量约为 21%，宏观看来其呈膏状，无流动性，散发一股恶臭味道。在 2MPa 压力下，经 80℃ 热水解后污泥表观状态变化不大；经 120℃ 热水解的污泥具有一定的流动性；经 150℃、170℃ 以及 200℃ 热水解的污泥流动性很好，上清液呈茶褐色。

6.2.1 热水解污泥的基本物性

热水解过程中，污泥的絮体结构遭到破坏，细胞破碎，细胞内的有机组分被释放出来，改变了污泥的物理特性。污泥的结合水含量、pH 值随热水解温度的变化趋势如图 6-2 所示。随着热水解温度的升高，pH 值呈先小幅增大再减小的趋势。pH 值的增大可能是由于酸性物质的挥发所致，随后蛋白质等有机物的水解生成氨基酸等酸性物质导致 pH 值缓慢降低。同时，污泥絮体结构的破坏，细胞内有机物的释放和水解，使污泥絮体部分胞内水被

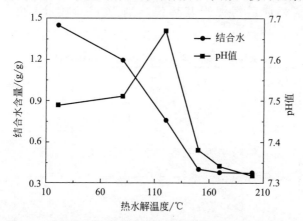

图 6-2 不同热水解温度下污泥结合水含量、pH 值的变化

释放为自由水，结合水含量由原污泥的 1.45g/g（结合水含量与自由水含量之比）降至 0.38g/g。

采用马尔文激光粒度仪 MS2000，湿法分散测量方法测量不同水解温度下污泥颗粒粒径及颗粒比表面积，如图 6-3 所示。可以看出热水解后污泥的粒径逐渐减小，d_{50} 由原来的 24.2μm 降至 13.9μm，颗粒粒径由 52.1μm 降至 30.6μm，比表面积从 0.5m^2/g 增至 0.9m^2/g。其原因主要归结为包裹在菌胶团表面的胞外聚合物的大量溶解、污泥中有机大分子的水解以及细胞的破碎。

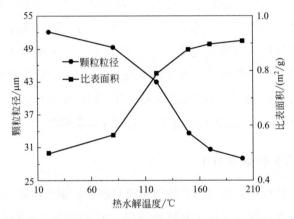

图 6-3　不同热水解温度下污泥颗粒粒径及颗粒比表面积

表 6-4 为原污泥与热水解污泥的物理特性，加热不仅促进了有机物的溶解，同时使这些有机组分水解，导致污泥中固相有机组分含量的下降，从而使得污泥的总固含量减少，热值降低。采用德国公司生产的自动量热仪测量热水解前后污泥干基热值分别为 10.8MJ/kg 和 10.4MJ/kg（见表 6-4）。

表 6-4　原污泥与热水解污泥的物理特性

污泥类型	TSS（质量分数）/%	VSS（质量分数）/%	COD/(g/L)	BW/(g/g)	D/μm	S/(m^2/g)	pH 值	热值/(MJ/kg)
原污泥	21.3	10.2	1.9	1.45	52.1	0.50	7.5	10.8
热水解污泥	19.3	7.9	35	0.38	30.6	0.90	7.3	10.4

6.2.2　热水解污泥的元素分析

污泥中含有的有机组分（蛋白质、脂肪、核酸、糖类、纤维素等）主要由 C、N、H 等元素组成，还包含少量的 S、P 以及金属元素 Al、Ca、Fe、Mg 等。

表 6-5 为原污泥与热水解污泥中固相元素含量的变化。热水解过程中，污泥固相有机物的溶解和水解伴随着污泥固相中的元素由固态向液态释放的过程。C、H 元素是碳水化合物的基本组成元素，脂肪、糖类等的水解必然导致污泥固相中 C 元素的含量降低，由表 6-5 可以看出，经 170℃ 水解后 C、H 元素的水解率分别为 9.1% 和 17.8%。

表 6-5　原污泥与热水解污泥中固相元素含量的变化（质量分数）　　单位:%

元素	N	C	H	S	P
原泥	3.49	26.95	3.66	1.2	3.42
热解污泥	3.15	24.50	3.01	1.3	3.09

污泥中的 N 元素主要以蛋白质的形式存在，热水解过程中，由于蛋白质发生水解，致使 N 元素的存在形态发生转变，从固态转变为溶解态，因此污泥固相中 N 元素的含量降低。P 元素是构成细胞 DNA、RNA 和 ATP 等的元素，由于热水解预处理破坏了细胞的 DNA 和 RNA，污泥中的部分 P 元素得以释放，P 元素的释放率达到 9.6%。

6.2.3　热水解污泥的微观结构

采用 Olympus CX41 显微镜对城市污泥样品的微观形态进行观察。图 6-4 为原污泥与 170℃ 下热水解 60min 后热水解污泥的显微镜图照片（40倍）。由图 6-4 可以看出，热水解后污泥的 EPS 絮体结构已被破坏，粒径变小，包裹在絮体内的结合水被释放进而转化成自由水。

图 6-5 为原污泥与热水解污泥扫描电镜图（SEM）（5000 倍）。由图 6-5 可以看出原污泥的细胞结构较完整，可见微生物菌体和粗大的纤维及无机颗粒，而经 170℃ 热水解后污泥中的大分子物质比如蛋白质、多糖和脂类等发生溶解，几乎看不到完整的细胞结构，表面凹凸不平，呈球状，颗粒粒径减小。

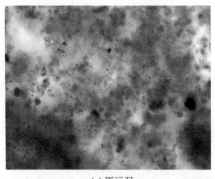

| (a) 原污泥 | (b) 热水解污泥 |

图 6-4　原污泥与 170℃下热水解 60min 后热水解污泥的显微镜图片（40 倍）

| (a) 原污泥 | (b) 热水解污泥 |

图 6-5　原污泥与热水解污泥的 SEM（5000 倍）

6.3　热水解污泥特性转变温度

6.3.1　热水解温度对污泥沉降特性的影响

　　将原污泥与经不同热水解温度处理的热水解污泥稀释至固含量（质量分数）5.4%（即 54g/L），每种污泥样品分别取 100mL 置于量筒中，上清液每增多 1mL 时，记录沉降所需时间，得到如图 6-6 所示的不同热水解温度下污泥的沉降曲线（时间-上清液体积），待沉降稳定后（10h 左右）缓慢倒出上清液，测定浓缩物固相质量含量。

　　图 6-7 为不同热水解温度下污泥的沉降特性。由图 6-7 可见热水解后污泥的沉降性能得到改善，这主要是由于污泥中有机物质胶体特性的破坏，悬浮液体是黏度下降引起的。另外，蛋白质和多糖等水解释放出来的氨基和醛基发生缩聚反应，生成缩聚氨酸、氨氮及类黑素和腐殖酸等褐色物质导致热水解后上清液颜色变深。

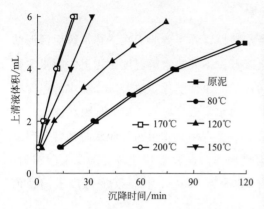

图 6-6　不同热水解温度下污泥的沉降曲线

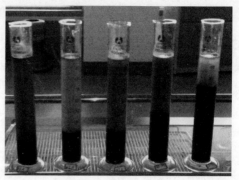

图 6-7　不同热水解温度下污泥的沉降特性

6.3.2　热水解温度对污泥脱水的影响

采用真空抽滤装置对不同热水解温度的污泥进行脱水实验，每次实验用料均为 150mL，过滤压力为 0.09MPa，不同热水解温度下污泥的比阻如图 6-8 所示。

采用高速离心机对不同热水解温度的热水解污泥进行离心脱水实验，离心时间和相对离心力分别定为 10min 和 3000g，实验后将上清液缓慢倒出测定浓缩物的固相质量含量。图 6-9 为不同浓缩脱水方式下脱水污泥的固相质量含量。

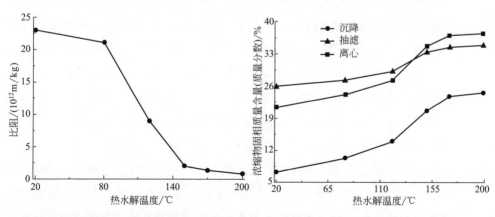

图 6-8　不同热水解温度下污泥的比阻

图 6-9　不同浓缩脱水方式下脱水
污泥的固相质量含量

6.3.3 热水解污泥特性转变温度门槛值

热水解预处理能够改善污泥脱水特性，其主要原因在于热水解后污泥结合水含量和污泥固相中有机物含量降低。不同热水解温度下污泥的脱水实验表明，随着热水解温度的升高，污泥的脱水性能逐步改善。当热水解温度超过120℃时脱水特性明显提高，但当热水解温度超过170℃时脱水性能改善幅度变缓。定义脱水特性明显提高的温度点为热水解污泥脱水特性转变温度下门槛值，脱水特性提高减缓点为热水解污泥脱水特性转变温度上门槛值。因此，可以确定特性转变温度下门槛值为120℃，特性转变温度上门槛值为170℃。

6.4 热水解污泥过滤压榨脱水特性

6.4.1 实验设计

6.4.1.1 实验物料

不同热水解温度下污泥的物理特性（包括粒径、结合水含量等）以及脱水特性分析均表明，当热水解温度超过170℃时污泥的物理特性和脱水特性的变化幅度减缓。因此，本节基于压榨理论，深入分析，经170℃、60min热水解后热水解污泥的压榨脱水特性。

6.4.1.2 过滤压榨脱水实验

采用图5-1所示的过滤压榨装置对热水解污泥进行过滤压榨脱水，为了保证实验过程的顺利进行，将原污泥和经170℃热水解60min的热水解污泥分别用自来水稀释至固含量（质量分数）5.4%。将调配好的污泥用隔膜泵（英格索兰）在0.55MPa的进料压力下连续输入过滤压榨脱水装置，进行过滤操作。采用观察法确定过滤结束时刻，即当滤液流速小于10g/min [0.04g/(cm² · min)] 时停止进料。过滤完成后，启动液压设备，推杆推动活塞挤压滤饼开始压榨脱水，当压榨滤液流速小于1g/min [0.004g/(cm² · min)] 时，停止压榨，压榨压力分别设定为1.2MPa、2MPa、3MPa和4MPa。电子天平用于连续称量过滤阶段和压榨阶段的滤液质量，数显百分表用于测量压榨过程中滤饼厚度的变化。脱水完毕后将滤饼取出在105℃干燥箱内烘24h测量滤饼的固相质量含量。

6.4.2 热水解污泥的过滤脱水特性

表 6-6 为原污泥与热水解污泥在进料压力为 0.55MPa 下的过滤特性，图 6-10 为原污泥与热水解污泥过滤阶段滤液量与过滤时间的关系。可以看出，热水解预处理显著提高了污泥的过滤性能，在相同的过滤时间下能够处理更多的泥浆。

表 6-6 原污泥与热水解污泥在进料压力为 0.55MPa 下的过滤特性

污泥种类	过滤时间 /min	处理量 /g	滤液质量 /g	SRF /(m/kg)	压缩系数
原污泥	60	1185	667	4.6×10^{13}	1.1
热水解污泥	60	6119	5092	2.8×10^{12}	0.7

热水解后污泥中的有机物含量降低，有机胶体物质被破坏，颗粒软度下降，硬度增加。与原污泥相比，热水解污泥更接近于无机颗粒，因此热水解污泥在过滤过程中形成的滤饼压缩性降低，渗透率提高，从而改善污泥过滤性能。此外，No-vak 等[2] 指出溶液中的生物聚合物，主要包括蛋白质、

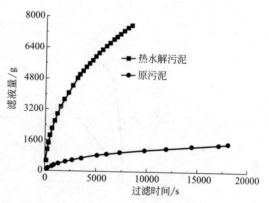

图 6-10　原污泥与热水解污泥过滤阶段
滤液量与过滤时间的关系

脂类等（表现出有机胶体特性）是导致 SRF 增加的主要原因。然而热水解后，有机胶体（蛋白质、多糖和脂质）物质被水解成小分子物质，其中碳水化合物水解成低分子量的多糖和单糖；脂肪水解为甘油和脂肪酸；蛋白质水解为多肽、二肽、氨基酸等，因此 SRF 降低。如表 6-6 所列，热水解后 SRF 从 4.6×10^{13} m/kg 降至 2.8×10^{12} m/kg；压缩系数从 1.1 下降到 0.7；过滤 60min 时，料浆处理量从 1185g 增至 6119g；滤液质量从 667g 显著增加到 5092g，增幅达 7 倍。但 SRF 是通过 Ruth 方程计算的，该方程假设物料具有不可压缩性且整个滤饼的孔隙率为常数，因此对于高可压缩的城市污泥，SRF 不能用来设计过滤脱水装置，只能作为比较不同类型污泥过滤性能的参数。

6.4.3 热水解污泥的压榨脱水特性

城市污泥所含水分分为间隙水、毛细水、表面吸附水和内部结合水。其中间隙水不与固体直接结合而是存在于污泥颗粒之间，作用力弱，很容易通过沉降浓缩等方法除去；毛细水指存在于细小污泥固体颗粒周围的水，或者存在于固体本身的裂隙中，需要较高的机械力才能除去；表面吸附水指吸附在污泥颗粒表面的水分，由于污泥通常处于胶体状态，故表面张力作用吸附水分较多，且较难除去；结合水也称为内部水，指被包围在污泥颗粒内部或者微生物细胞膜中的水分，这部分水分采用机械方法很难去除。

图 6-11(a) 为原污泥与热水解污泥在进料压力为 0.55MPa、压榨压力为 4MPa 下压榨滤液量（V_{exp}）与压榨时间（t）的关系。从图 6-11(a) 中可

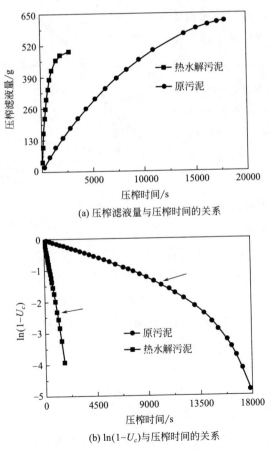

(a) 压榨滤液量与压榨时间的关系

(b) $\ln(1-U_c)$ 与压榨时间的关系

图 6-11 原污泥与热水解污泥的压榨曲线

以看出，热水解污泥压榨曲线的斜率比原污泥压榨曲线斜率明显增大，且热水解后污泥的压榨时间由 17834s 显著降至 1649s，降幅达 10 倍以上，表明热水解预处理显著提高了压榨脱水效率。然而污泥经热水解后，压榨滤液量从原来的 610g 降至 490g，这主要是由于热水解预处理后污泥处理能力从 1185g 显著增至 6119g。在相同的滤室空间内，处理能力的增加表明过滤结束后滤饼固含量增加，导致压榨阶段的压榨滤液量降低，虽然压榨滤液量有所下降，但滤饼固含量从原污泥的 28% 显著增至 67.61%。

图 6-11(b) 为原污泥与热水解污泥的压榨特性曲线：$\ln(1-U_c)$ 与压榨时间之间的关系。从图 6-11(b) 中可以看出，热水解污泥的压榨特性曲线在原污泥压榨特性曲线的右下方，表明热水解污泥的压榨脱水速率明显高于原污泥的压榨脱水速率。对于原污泥，当 $U_c < 0.8$ 时，$\ln(1-U_c)$ 与压榨时间呈直线关系，表明在此阶段污泥严格服从 Terzagjhi-voigt（T-V）流变模型，然而随着压榨时间的延长（$U_c > 0.8$），$\ln(1-U_c)$ 与压榨时间严重的偏离原来的直线关系，出现第三压榨阶段。然而，对于热水解污泥压榨特性曲线基本呈线性关系，只有当 $U_c > 0.9$ 时才稍微偏离直线关系，表明虽然热水解污泥仍然存在第三压榨阶段，但其作用降低。图 6-11(b) 中的箭头指向分别为第二压榨阶段与第三压榨阶段的分隔点。

热水解后污泥颗粒直径从 $52.16\mu m$ 减少到 $30.6\mu m$（见表 6-4），对于具有相同性质的悬浮体系，颗粒粒径的减小将会导致过滤过程中形成的滤饼孔隙率较小，因此滤饼的渗透性能下降，压榨脱水效率降低。然而，污泥经热水解后，污泥中的蛋白质、多糖等有机大分子发生了水解，改变了污泥的本质，颗粒的减小对压榨脱水带来的不利影响与污泥本质变化带来的影响相比微不足道。

6.5　热水解污泥压榨脱水机理

6.5.1　不同压榨阶段的脱水机理

对于无机固液悬浮体系的压榨过程，通常用 Terzaghi-Voigt 模型来描述，该模型把压榨过程分为主压榨阶段和第二压榨阶段两个阶段：主压榨阶段仅能够破坏滤饼的总体结构，去除滤饼孔隙中的水分；第二压榨阶段，主要由滤饼内粒子的蠕变控制，去除滤饼中剩余的间隙水、部分毛细水和结合水。Chang 等[3] 认为城市污泥的机械压榨脱水过程不同于无机悬浮液的压榨过程，比无机悬浮液体系的压榨过程多一个压榨阶段，即城市污泥的压榨过程包含三个压榨阶段，并且认为该过程中第三压榨阶段的主要作用是在较高压榨压力下除去体系内的吸附水和部分结合水。

由热水解实验结果可知，热水解预处理破坏了污泥的絮体以及细胞结构，部分胞内的结合水被释放为自由水，结合水的含量由原来的 1.45g/g 降至 0.38g/g。结合水含量的降低是否会对污泥的压榨过程产生影响，压榨过程中的第三压榨阶段的作用是否会减小，为此需要进一步研究热水解预处理改善污泥压榨脱水的机理。

根据 3.3 部分对压榨特性参数 B、F、η、E_1、E_2、G_2 和 G_3 进行计算。考虑到不同污泥系统的弹簧刚度（E_1）差距较大，因此把 E_1 看作单位量 1，比较其他 3 个参数之间的相对重要性。表 6-7 列出了原污泥与热水解污泥的压榨特性参数，从表 6-7 可以看出，污泥经热水解处理后主压榨阶段的作用显著降低（从 0.071 到 0.016），第二压榨阶段的作用略有升高（从 0.69 到 0.85），第三压榨阶段的作用从 0.239 降至 0.13。原污泥三个压榨阶段对应的压榨滤液量分别为 43.3g、420.9g、145.8g；热水解污泥对应的压榨滤液量分别为 7.9g、417.5g、64.6g。

表 6-7　原污泥与热水解污泥的压榨特性参数

污泥种类	B	F	$1-B-F$	η/s^{-1}	E_2/Pa	$G_2/Pa \cdot s$	$G_3/Pa \cdot s$
原污泥	0.69	0.239	0.071	0.0002	0.10	1033	14260
热水解污泥	0.85	0.130	0.016	0.0025	0.02	8.88	539

热水解后，污泥颗粒粒径的减小，使得过滤过程中形成的滤饼结构更加紧凑。而主压榨阶段的主要作用是去除滤饼内的孔隙水，紧凑的滤饼结构导致主压榨阶段的作用显著减小。热水解使污泥细胞失活，弹性降低，相应的 E_2 从 0.1Pa 减少到 0.02Pa，该趋势与热水解污泥黏弹性的降低趋势一致。另外，具有高度亲水性的有机大分子（如蛋白质、碳水化合物和核酸）的水解减小了颗粒与颗粒之间的相互作用力，因此污泥体系黏性显著降低，如表 6-7 所列，G_2 从 1033Pa·s 减小到 8.8Pa·s，G_3 从 14260Pa·s 减小到 539Pa·s。蠕变参数（η）从 0.0002s^{-1} 增加到 0.0025s^{-1}，与 Chu 等[4] 给出的黏土污泥的蠕变参数相近，表明热水解后粒子的蠕变更加容易。此外，第三压榨阶段的作用从 0.239 下降到 0.13，表明污泥经热水解预处理后第三压榨阶段的作用被显著削弱，这主要是由于结合水含量的降低所致，但热

水解污泥的压榨过程依然存在第三压榨阶段。因此，通过压榨理论分析可以得出：污泥结合水含量的降低和污泥黏弹性的降低均有利于压榨脱水。

6.5.2 压榨压力对热水解污泥压榨机理的影响

图 6-12 为不同压榨压力下的压榨特性曲线。

实际污水处理厂中，为了获得较干的滤饼，通常采用较高的压榨压力用以挤压出更多的水分。图 6-12(b) 为不同压榨压力下 $\ln(1-U_c)$ 与压榨时间 t 的关系，可以看出，压榨压力越低，曲线越接近于直线，表明较低的压榨压力不利于结合水的去除。随着压榨压力的升高，压榨曲线逐渐偏离直线，较高的压榨压力提高了第三压榨阶段的作用，能够去除较多的表面吸附水和结合水。

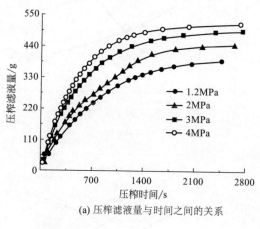

(a) 压榨滤液量与时间之间的关系

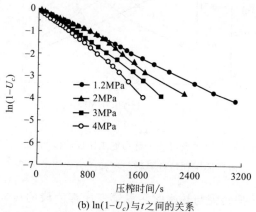

(b) $\ln(1-U_c)$ 与 t 之间的关系

图 6-12 不同压榨压力下的压榨特性曲线

　　图 6-13 为原污泥与热水解污泥主压榨阶段和第二压榨阶段的压榨特性
参数与压榨压力之间的关系。从图 6-13 中可以看出，两种不同污泥的压榨
特性参数与压榨压力的关系相似。随着压榨压力的增加，$1-B-F$ 和 B 值
下降，表明较高的压榨压力使滤饼迅速垮塌，降低了主压榨阶段的作用；B
值的变化很小，仅从 0.89 降至 0.85。理论上讲，第二压榨阶段，滤饼中颗
粒的蠕变由施加在颗粒上的力的大小控制，主要包括机械力和静电力[5]。随
着压榨压力的增加，施加在颗粒上的机械作用力增加，使颗粒的蠕变变形相
对容易，因而 η 值增大，B 值减小，有利于压榨脱水。

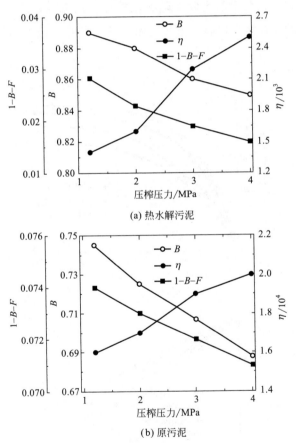

图 6-13　原污泥与热水解污泥主压榨阶段和第二压榨
阶段的压榨特性参数与压榨压力之间的关系

　　图 6-14 为原污泥与热水解污泥第三压榨阶段的压榨特性参数与压榨压
力之间的关系。从图 6-14 中可以看出，两种不同污泥的压榨特性参数与压
榨压力的关系相似。由于主压榨阶段和第二压榨阶段在整个压榨脱水过程中

的贡献减小，因此第三压榨阶段的作用增加；另外，较高的压榨压力破坏了包裹在固相颗粒表面的黏性水化膜，降低了滤饼的黏度，挤压出更多的表面吸附水和结合水，因此第三压榨阶段的作用增大，G_3 减小。G_3 的大小反映了结合水与颗粒表面的结合程度，G_3 越大表明结合水与固相颗粒之间的结合能越强，需要更高的压榨压力才能去除；较小的 G_3 值表明结合水与固相颗粒之间的结合能力较弱，G_3 越小越有利于压榨脱水。

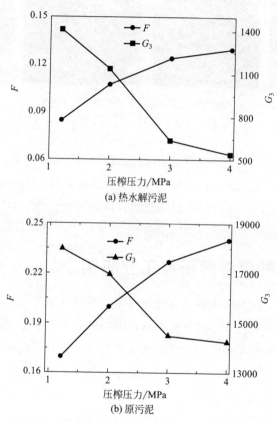

图 6-14 原污泥与热水解污泥第三压榨阶段的
压榨特性参数与压榨压力之间的关系

6.5.3 热水解污泥滤饼的结构

过滤的整体宏观特性与滤饼结构密切相关，因此，分析滤饼的内部结构有助于深入研究热水解预处理改善城市污泥过滤和压榨特性的机理。

滤饼是由固体颗粒和大量形状不规则且具有一定尺寸分布的孔隙组成，

主要由宏观结构和微观结构进行描述。图 6-15 为过滤压榨脱水后湿滤饼与自然干燥后滤饼的断面结构。

(a) 原污泥湿滤饼　　(b) 热水解污泥湿滤饼　　(c) 原污泥干滤饼　　(d) 热水解污泥干滤饼

图 6-15　过滤压榨脱水后湿滤饼与自然干燥后滤饼的断面结构

从图 6-15 可以看出，热水解污泥滤饼呈现分层现象，主要是由于热水解污泥滤饼黏弹性降低造成的。滤饼黏弹性的降低，使得滤饼与过滤介质之间的粘连性较小，这种结构较易卸饼；而原污泥滤饼结构致密，滤饼与过滤介质之间的粘连性较强，卸饼困难。

6.6　热水解的经济分析及工业应用

由于整个污泥热水解预处理过程中，不存在水分蒸发，与传统的干燥工艺相比更加节能。本书仅对热水解污泥机械脱水工艺、原污泥机械脱水工艺以及无机絮凝剂调理污泥机械脱水工艺的成本进行了简单的经济评估（不包含设备投资成本、维修成本、人力成本、热水解污泥滤饼燃烧产生的热量、热水解过程产生沼气的能量）与比较，其中无机絮凝剂采用聚合氯化铝（PAC），PAC 剂量为 4%（与原污泥干固相的质量比），并做出了如下的基本假设：

① 未进行预处理的城市污泥经重力浓缩后固含量（质量分数）为 5%，经隔膜压滤机（0.55MPa 下过滤 5h，2MPa 下压榨 4.5h）脱水后滤饼固相含量（质量分数）25%，其目标固相含量（质量分数）为 40%；

② 污泥干化设备的效率约 80%[6]，采用蒸气加热污泥，根据《中国工业锅炉标准》（JB/T 10094—2002），热能转换为蒸气的效率设为 80%。1MPa 机械压力对应的能耗设定为 20kW·h/t DS（干固体）[7]，电力能源成

本 0.5 元/(kW·h)，各材料成本列于表 6-8。

表 6-8　各材料的成本

材料	PAC/t	煤/t	1MPa 机械压力/(h/t 干固相)
成本/元	2000	600	5

③ 水和污泥中固相的比热容分别为 4.2kJ/(K·kg)、1kJ/(K·kg)，水的气化潜热 2257.2kJ/kg。

根据《城镇污水处理厂污泥处置单独焚烧用泥质》（GB/T 24602—2009）和《城镇污水处理厂污泥处置农用泥质》（CJT 309—2009）对污泥滤饼焚烧和农用的要求，污泥脱水后滤饼固含量（质量分数）应大于40％。图 6-16 为热水解污泥与絮凝调理污泥在过滤压力和压榨压力分别为 0.55MPa 和 2MPa 时经机械脱水后，滤饼固含量与压榨压力之间的关系。

由图 6-16 可见，当滤饼固含量（质量分数）达到40％时，对应的压榨压力分别为 1MPa（热水解）和 2MPa（无机絮凝剂调理）。以污泥干固相为基础的不同脱水方法的成本见表 6-9，热水解污泥机械脱水工艺和无机絮凝剂调理污泥机械脱水工艺与传统的干燥工艺相比，分别节省成本 21.4％和 54.9％。若能够从其他工艺获得废热蒸气，则热水解预处理的成本将会更低。此外，热水解后滤饼的收到基热值可达 6.2MJ/kg，相当于劣质褐煤的热值，在极少补充燃料的情况下即可燃烧。然而污泥经热水解处理后，污泥温度高达 90℃，目前的板框压滤机难以承受。因此，为保证生产的稳定进行，板框压滤机的性能应给予改进以达到耐高温性能，或者采用热交换器对污泥进行冷却。另外，污泥经热水解后，滤液 COD 较原来高，需要进一步处理。

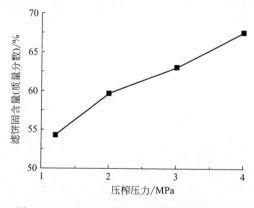

图 6-16　滤饼固含量与压榨压力之间的关系

表 6-9   以污泥干固相为基础的不同脱水方法的成本

方法	滤饼固含量[①]（质量分数）/%	目标滤饼固含量（质量分数）/%	热能成本/元	机械成本/元	调理剂成本/元	总成本/元	节约[②]/%
絮凝调理	40.5	40	0	15.5	80	95.5	44.9
热水解	54.3	40	49[③]	71.8	0	120.8	30.3
干燥	25	40	114.5	58.8	0	173.3	0

① 机械脱水后的滤饼固含量。
② 以隔膜压榨工艺为基础。
③ 以隔膜压榨后的滤饼为热水解预处理的原料。

参考文献

[1] 王兴润，金宜英，王志玉，等.污水污泥间壁热干燥实验研究 [J].环境科学，2007，28（2）：407-410.

[2] Novak J T，Goodman G L，Pariroo A，et al. The blinding of sludges during filtration [J]. Journal of Water Pollution Control Federation，1988，60（3）：206-214.

[3] Chang I L，Lee D J. Ternary expression stage in biological sludge dewatering [J]. Water Research，1998，32（3）：905-914.

[4] Chu C P，Lee D J. Three stages of consolidation dewatering of sludges [J]. Journal of Environment Engering，1999，125（10）：959-965.

[5] Christensen M L，Keiding K. Creep effects in activated sludge filter cake [J]. Power Technology，2007，177（1）：23-33.

[6] Kudra T. Energy Aspects in Drying [J]. Drying Technology，2004，22（5）：917-932.

[7] 王圃，龙腾锐，李江涛，等.城市给水厂污泥处理与能耗 [J].重庆建筑大学学报，2005，27（4）：77-80.

第 **7** 章
热水解污泥的流动行为

7.1 流变实验设计

采用美国 TA 公司的 DHR-2 流变仪，同心圆筒测量系统（转子直径 27.98mm，长度 41.90mm，杯直径 30.39mm），通过稳态试验、触变性试验和动态试验分析原污泥和热水解污泥的流动特征，主要包括稳态流动特性、触变性及黏弹性。

流变测试设计如下。

（1）稳态试验

剪切速率从 $0.01s^{-1}$ 对数增加到 $400s^{-1}$，分析低速剪切到高速剪切下剪切速率与剪切应力之间的关系（流动曲线）。

（2）触变性试验

研究污泥触变性的方法主要包括以下几种。

1）滞后环技术 在剪切速率均匀递增条件下绘制流动曲线，即上行曲线；随后均匀降低剪切速率绘制下行曲线。非牛顿流体两条曲线不再重合时，形成具有一定面积的延迟区域，该区域的大小即为流体触变性的度量。

2）时间扫描法 在恒定剪切率下进行时间扫描，研究污泥黏度随时间变化的趋势。

3）剪切速率突变法 突然改变剪切速率，分析黏度在突变剪切速率下的变化。

滞后环技术受实验过程的影响较大，污泥颗粒或絮体的沉降、样品加载后的静置时间、最大剪切速率和剪切速率的变化等都可能导致实验结果的错误[1]。

为了避免滞后环技术的缺点，本书采用时间扫描试验和剪切率突变试验分析污泥的触变性。

① 时间扫描试验：不同固相质量含量的原污泥和热水解污泥在 $100s^{-1}$ 进行恒速剪切，直到污泥絮体结构完全破坏，达到稳定状态。

② 剪切率突变试验：剪切率从 $0.1s^{-1}$ 逐渐增加到 $1s^{-1}$、$10s^{-1}$、$100s^{-1}$ 和 $400s^{-1}$，每个剪切速率维持 1min，当剪切速率突然变化，黏度的瞬态变化能够反映污泥微观结构的变化。

（3）动态流变测试

也称为"动态力学测试"或"振荡测试"。在流变测量中材料经受以正弦规律变化的交变剪切应力或交变剪切应变作用，振幅较小，主要用于非牛顿流体黏弹性的测量。在交变剪切应力的作用下，黏弹性材料反映出悬浮体系的流体特性和固体特性。

动态流变测试主要包括应变扫描试验和频率扫描试验。

① 应变扫描试验：剪切应力逐步增加到某一值，测定应力与弹性模量以及与黏性模量之间的关系，主要用于确定污泥的线性黏弹性区域。

② 频率扫描试验：在应变扫描试验确定的线性黏弹区域内进行频率扫描，用于揭示线性黏弹性区域内黏弹性参数和频率之间的关系。

流变试验测试步骤为：

① 每个污泥样品进行流变测试之前，首先用孔径为 0.6mm 的筛子除去污泥中较大的颗粒，以减少粗大颗粒造成的错误；

② 样品加载后，静置 1min，然后进行试验，以消除加载剪切的影响。每个流变测试进行两次，取平均值用于后续结果分析。

7.2　热水解温度对污泥黏性的影响

当污泥经受剪切力的作用发生流动时，剪切应力与剪切速率之间的关系表征污泥的黏性。黏度是黏性的度量参数，定义为剪切应力与剪切速率的比值。污泥是一种非牛顿流体，具有剪切变稀的性质，即体系的黏度随着剪切速率的增加而减小。

图 7-1 为浓度为 10％ 的污泥经不同热水解温度（80℃、120℃、150℃、170℃、200℃）、相同热水解时间（60min）预处理后的流变曲线图（流变测试温度为 20℃）。

由图 7-1 可以看出，热水解后的污泥仍具有剪切变稀的特性，随着热水

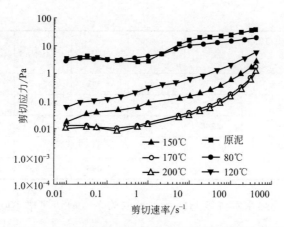

图 7-1   不同热水解温度下浓度为 10％的污泥流变曲线

解温度的升高，剪切速率与剪切应力之间的关系逐渐改变。80℃热水解对污泥流变曲线的影响不大，这主要是此时污泥中固相有机物基本未溶解的缘故。

深层分析热水解温度对污泥流变性的影响，分别采用第 1 章表 1-1 列出的流体模型：牛顿流体、Bingham、Power-law、Herschel and Bulkley（H-B）等对原污泥和热水解污泥的剪切速率与剪切应力之间的关系进行拟合（见表 7-1）。由表 7-1 可以看出，随着热水解温度的升高，稠度系数（极限黏度）k 从 5.90Pa·s^n 逐渐降至 0.002Pa·s^n，流动指数 n 从 0.31 逐渐增至 1，表明热水解改变了污泥的流变性，污泥的非牛顿流体特性随热水解温度的升高逐渐减弱。当热水解温度达到 120℃时，采用牛顿流体模型拟合其流变曲线，决定系数 R^2 已高达 0.952，表明 120℃热水解污泥的剪切应力与剪切速率之间的关系可用牛顿流体模型表示。

表 7-1   不同热水解温度下污泥的流变模型参数

模型	热水解温度/℃	原泥	80	120	150	170	200
H-B	R^2	0.951	0.972	0.997	0.805	0.969	0.907
	k	5.90	5.039	0.068	0.004	0.004	0.002
	n	0.312	0.230	0.741	1	1	1
	τ_0	3.66	0.455	0.164	0.053	0.003	0
Bingham	R^2	0.741	0.666	0.981	0.972	0.971	0.913
	k	0.095	0.044	0.015	0.006	0.004	0.002
	τ_0	8.04	6.00	0.316	0.040	0.003	0

续表

模型	热水解温度/℃	原泥	80	120	150	170	200
Power-law	R^2	0.956	0.974	0.992	0.969	0.971	0.914
	k	6.40	5.51	0.107	0.006	0.004	0.002
	n	0.268	0.218	0.668	1	1	1
牛顿流体	R^2	0.310	—	0.952	0.972	0.973	0.923
	k	0.124	—	0.016	0.006	0.004	0.002

图 7-2 为热水解温度与污泥黏度的关系（剪切速率 $100s^{-1}$）。

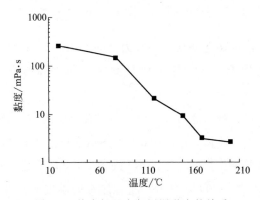

图 7-2　热水解温度与污泥黏度的关系

从图 7-2 中可以看出，随着热水解温度的升高，污泥黏度逐渐下降。当热水解温度升至 120℃时，污泥黏度从 264mPa·s 降至 21.6mPa·s；当热水解温度升至 170℃时，黏度降至 3.16mPa·s；随后再升高温度污泥黏度变化较小。热水解过程中，污泥中的固相物质及其组成均发生了不可逆的变化，导致黏度、稠度系数以及流动指数均显著变化。

7.3　热水解温度对污泥黏弹性的影响

污泥既具有液体的黏性性质，同时具有固体的弹性性质，是一种黏弹性流体。复合模量（G^*）是描述流体黏弹性的参数，其实部为储能模量（G'），虚部为损耗模量（G''）。储能模量实质为杨氏模量，表征黏弹性材料在形变过程中由于弹性形变而储存的能量。损耗模量又称黏性模量，是描述黏性特性的重要参数，指材料在发生形变时，由于黏性形变（不可逆）而损耗的能量，体现了材料的黏性本质。

　　图 7-3 为质量浓度 10％的城市污泥经不同热水解温度（80℃、120℃、150℃、170℃、200℃）和相同热水解时间（60min）处理后，在 20℃下污泥黏弹性与应变之间关系。可以看出随着热水解温度的升高，污泥的弹性模量显著降低，即固相特性逐渐减弱。当热水解温度超过 150℃时，其弹性模量和黏性模量变化不大。

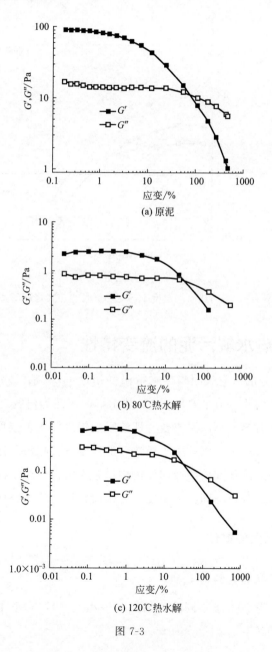

(a) 原泥

(b) 80℃热水解

(c) 120℃热水解

图 7-3

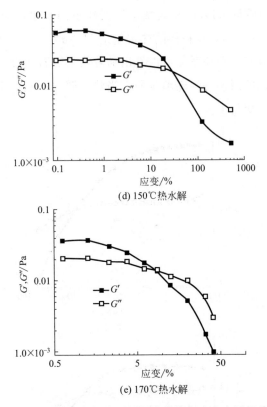

图 7-3　不同热水解温度下污泥黏弹性与应变之间的关系

7.4　170℃热水解污泥的流变特性

　　7.3 部分的研究表明当热水解温度超过 170℃后，污泥的流变特性基本不再变化，因此本节主要以 170℃热水解的污泥为研究对象，分析污泥浓度及工艺温度对热水解污泥流变特性的影响机理。工艺温度是指 170℃热水解污泥冷却后进行过滤压榨脱水操作时的温度。实际污水处理厂中，热水解污泥一般不经过冷却或稍微冷却便由输送泵送入板框压滤机中进行过滤压榨脱水操作，因此分析不同工艺温度下热水解污泥的流变特性是非常必要的。

7.4.1　热水解污泥的黏性

7.4.1.1　浓度对污泥黏性的影响

　　图 7-4 为 20℃下不同浓度的热水解污泥（170℃下水解 60min）与原污泥的流变曲线。

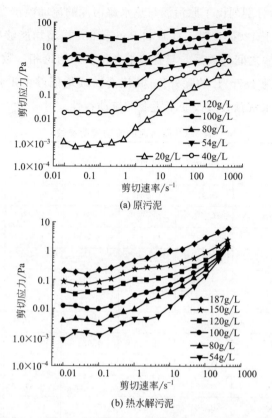

图 7-4　20℃下不同浓度的热水解污泥与原污泥的流变曲线

　　从图 7-4(a) 可以看出，不同浓度的污泥呈现的剪切速率与剪切应力之间的关系相似：剪切应力随着剪切速率的增加而增加，且增长速度逐渐变缓，表明污泥的黏度随着剪切速率的增加而逐渐减小。在剪切作用下，剪切力对污泥中的微生物絮体、高分子有机物等具有拉伸作用，拉伸后的絮体、高分子有机物可以更加容易的彼此相互滑过，在相同剪切速率下产生的剪切应力变小，导致污泥黏度逐渐减小。热水解污泥同样呈现出剪切变稀的特性，但相同剪切速率对应的剪切应力降低，即热水解污泥黏度较原污泥黏度小。热水解破坏了污泥的絮体结构，导致细胞破壁、有机大分子水解，降低了固相颗粒之间的相互作用强度，削弱了固相颗粒与结合水之间的结合力，使其抵抗剪切的能力降低，相应的剪切应力减小。

　　为深层分析热水解预处理对污泥流变性的影响，分别采用牛顿、Bingham、Power-law、Herschel and Bulkley（以下简称为 H-B 模型）等流变模型对原污泥和热水解污泥的剪切速率与剪切应力之间的关系进行拟合，表

7-2 和表 7-3 分别列出了原污泥与热水解污泥的流动模型参数。对于原污泥，当其浓度小于 120g/L 时，H-B 和 Power-law 模型均能够准确描述其剪切应力与剪切速率之间的关系，与有些学者得出的结论相一致[2~4]。对于热水解污泥（浓度为 187g/L 的除外），其流变曲线均能够由牛顿流体模型准确描述。可见热水解预处理改变了污泥的流动特性。

表 7-2　原污泥的流动模型参数

模型	浓度/(g/L)	120	100	80	54	40	20
H-B	R^2	0.916	0.951	0.958	0.987	0.993	0.993
	k	12.18	5.90	2.29	0.509	0.106	0.013
	n	0.283	0.312	0.331	0.366	0.533	0.687
	τ_0	18.6	3.66	0.823	0.099	0	0
Bingham	R^2	0.652	0.741	0.743	0.922	0.922	0.960
	k	0.152	0.095	0.04	0.01	0.007	0.002
	τ_0	33.04	8.04	3.71	0.96	0.173	0.022
Power-law	R^2	0.887	0.956	0.957	0.988	0.994	0.994
	k	32.18	6.40	3.05	0.596	0.104	0.013
	n	0.151	0.268	0.29	0.342	0.534	0.704
Casson	R^2	0.801	0.824	0.852	0.890	0.922	0.981
	k	0.054	0.061	0.025	0.009	0.006	0.002
	τ_0	27.16	4.68	2.33	0.409	0.040	0.001

表 7-3　热水解污泥的流动模型参数

模型	浓度/(g/L)	187	150	120	100	80	54
H-B	R^2	0.990	0.991	0.990	0.969	0.962	0.948
	k	0.202	0.0211	0.0044	0.0039	0.0035	0.0030
	n	0.563	0.798	1	1	1	1
	τ_0	0.197	0.139	0.063	0.003	0	0
Bingham	R^2	0.931	0.983	0.991	0.971	0.964	0.951
	k	0.0152	0.0062	0.0044	0.0039	0.0036	0.0031
	τ_0	0.561	0.186	0.063	0.003	0	0
Power-law	R^2	0.992	0.971	0.977	0.971	0.965	0.952
	k	0.299	0.0582	0.0066	0.0040	0.0035	0.0030
	n	0.503	0.626	0.939	1	1	1

续表

模型	浓度/(g/L)	187	150	120	100	80	54
Casson	R^2	0.967	0.979	0.985	0.976	0.973	0.951
	k	0.011	0.0041	0.0030	0.0030	0.0029	0.0026
	τ_0	0.284	0.109	0.040	0.007	0.001	0
牛顿流体	R^2	0.851	0.923	0.978	0.973	0.967	0.956
	k	0.0173	0.0069	0.0047	0.004	0.0035	0.0031

图 7-5 为原污泥与热水解污泥 H-B 模型回归参数与污泥浓度之间的关系。

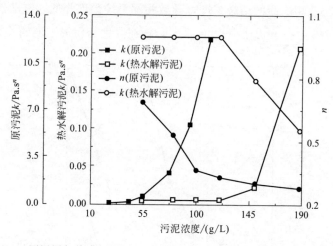

图 7-5　原污泥与热水解污泥 H-B 模型回归参数与污泥浓度之间的关系

从图 7-5 可以看出，稠度系数 k 随着固相浓度的增加而增加，当原污泥浓度由 20g/L 增至 120g/L 时，k 从 0.013Pa·s^n 增至 12.18Pa·s^n，表明污泥的黏度随浓度的增加显著增大。但流动指数 n 值却随着污泥浓度增加而逐渐变小，即越来越偏离于 1；从 0.69 降至 0.28，表明随着固相浓度的增大，污泥的流动特性逐渐偏离于牛顿流体。对于热水解污泥，当其浓度由 54g/L 增至 187g/L 时，k 从 0.003Pa·s^n 增至 0.206Pa·s^n，而 n 从 1 逐渐降至 0.56。在相同的浓度下原污泥的 k 值高于热水解污泥，而 n 值低于热水解污泥（浓度为 100g/L 的原污泥和热水解污泥，其 k 值分别为 5.9Pa·s^n 和 0.0039Pa·s^n，而 n 值分别为 0.3 和 1），且其 k 值和 n 值的变化幅度均比热水解污泥大，表明热水解预处理使得污泥的流动特性更接近于牛顿流体。指数方程式(7-1) 和式(7-2) 分别为原污泥与热水解污泥的 k 值和污泥浓度之间关系，较高的决定系数表明指数方程能够准确地描述稠度系数与污泥浓度之间关系，然而流动指数与污泥浓度之间没有准确的关系式。

$$k = 0.108\exp(0.025\varphi) \quad (R^2 = 0.972) \tag{7-1}$$

$$k = 2.39 \times 10^{-6}\exp(0.061\varphi) \quad (R^2 = 0.999) \tag{7-2}$$

式中　φ——污泥浓度，g/L。

对于原污泥，其内部的有机物均具有活性，并不断地向液相分泌黏性有机物质，使其黏度增大，热水解破坏了污泥的絮体结构，使微生物细胞以及大分子有机物失活，对污泥结构造成了不可逆转的破坏，污泥絮体变得更小且更加紧凑。热水解预处理不仅降低了固相颗粒之间的相互作用，而且削弱了颗粒与液相之间的结合强度，导致污泥系统黏度降低，流动性变好。

图 7-6 为在剪切速率 $100s^{-1}$ 时，污泥黏度与污泥浓度的关系图。

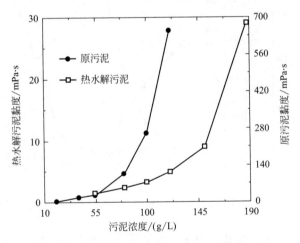

图 7-6　污泥黏度与污泥浓度的关系

由图 7-6 可以看出，对于原污泥和热水解污泥，其黏度均随着污泥浓度的增加而显著增加。对于原污泥，当其浓度超过 80g/L 时，其黏度急剧增加，而对于热水解污泥该关键值为 150g/L。固相浓度增大，减小了污泥絮体之间的距离，导致颗粒之间的相互作用迅速增加，从而导致较大的流动阻力。污泥黏度与浓度基本满足指数函数关系，式(7-3) 和式(7-4) 分别为原污泥与热水解污泥浓度与黏度之间的拟合关系式。极高的决定系数表明，指数方程能够精确地描述污泥黏度与浓度之间的关系。从式(7-3) 和式(7-4) 可以看出，原污泥拟合方程的指数为 0.046，高于热水解污泥的指数 0.028，

表明原污泥的黏度随污泥浓度的增加变化更快。热水解预处理破坏了原污泥
絮体的网络结构，削弱了颗粒之间的相互作用，从而形成更加稳定的状态，
因此黏度随浓度的增加变化减缓。

$$\mu = 2.75\exp(0.046\varphi) \quad (R^2 = 0.999) \tag{7-3}$$

$$\mu = 0.15\exp(0.028\varphi) \quad (R^2 = 0.992) \tag{7-4}$$

式中　　φ——污泥浓度，g/L；

　　　　μ——污泥黏度，mPa·s。

7.4.1.2　工艺温度对污泥黏性的影响

工艺温度是影响污泥黏度的另一重要因素。实际污水处理厂中，热水解
污泥的脱水过程如下：

① 污泥在压力为 2MPa 的反应罐内进行热水解；

② 热水解预处理结束后，反应罐泄压；

③ 不经冷却或经稍微冷却的热水解污泥由输送泵送入板框压滤机进行
过滤压榨的脱水操作。

由于实际脱水操作中热水解污泥的温度较高（70℃左右），因此研究不
同工艺温度下热水解污泥的流变特性是非常必要的。

图 7-7 为工艺温度与污泥黏度的关系，可以看出随着工艺温度的升高，
体系黏度逐渐降低。在较高工艺温度下，颗粒的热运动加剧，必然导致分子
间、分子链间的运动加快，从而使得污泥絮体之间的缠绕结合强度降低、分
子之间的距离增大，导致污泥黏度降低。

工艺温度对黏度的影响可用阿伦尼乌斯方程［见式(7-5)］和对数方程
［见式(7-6)］表达。

$$\mu = Ae^{\frac{E_a}{RT}} \tag{7-5}$$

$$\lg(\mu - c) = a + p \times \lg(1 + T/b) \tag{7-6}$$

式中　　A——指前因子，mPa·s；

a, c, b, p——常数；

　　　　T——绝对温度，K；

　　　　R——通用气体常数，$R = 8.3145 \times 10^{-3} \text{kJ}/(\text{K·mol})$；

　　　　E_a——流体能量，kJ/mol，E_a 越大，黏度随工艺温度的变化越敏感。

原污泥与热水解污泥黏度与工艺温度之间的回归模型参数见表 7-4。极
高的决定系数 R^2 表明阿伦尼乌斯方程能够准确地描述不同种类污泥黏度和

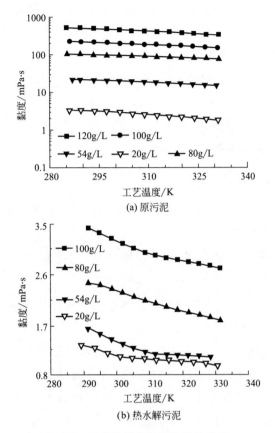

图 7-7　工艺温度与污泥黏度的关系

工艺温度之间的关系，且两种污泥的活化能相近，意味着热水解后污泥絮体结构的破坏以及胶体大分子的水解对污泥黏度与工艺温度之间的关系影响不大。当污泥浓度小于 80g/L 时，采用阿伦尼乌斯方程拟合，其决定系数 R^2 大约 0.9，然而采用对数模型拟合其决定系数极高，大约 0.998，表明对于低浓度的热处理污泥，对数模型能更准确地描述工艺温度与黏度之间的关系（见表 7-5）。

表 7-4　原污泥与热水解污泥的回归模型参数（阿伦尼乌斯方程）

污泥种类 浓度/(g/L)	原污泥			热水解污泥		
	R^2	A/mPa·s	E_a/(kJ/mol)	R^2	A/mPa·s	E_a/(kJ/mol)
20	0.981	0.04	10.69	0.907	0.04	5.65
54	0.978	1.70	6.17	0.899	0.122	8.59
80	0.992	11.11	5.39	0.997	0.162	6.62

续表

污泥种类	原污泥			热水解污泥		
浓度/(g/L)	R^2	A/mPa·s	E_a/(kJ/mol)	R^2	A/mPa·s	E_a/(kJ/mol)
100	0.997	13.65	6.80	0.978	0.475	4.76
120	0.985	21.68	7.65	—	—	—

表 7-5 原污泥与热水解的回归模型参数（对数模型）

污泥种类	浓度/(g/L)	R^2	a	b	c	p
热水解污泥	20	0.997	0.036	289.3	0.8	−20.67
	54	0.998	−0.187	297.8	1.13	−52.86
	80	0.997	0.086	306.6	1.57	−19.65
	100	0.999	0.324	284.9	2.60	−17.85
原污泥	20	0.996	0.339	306.6	1.60	−24.10
	54	0.994	1.142	316.6	10.87	−14.89
	80	无法拟合	—	—	—	—
	100	无法拟合	—	—	—	—
	120	无法拟合	—	—	—	—

7.4.2　热水解污泥的触变性

当应力施加到原本静止的流体上，流体开始流动，黏度随时间的增加而逐渐减小；随后撤销施加的应力，黏度又逐渐恢复，这一现象称为触变性[5]。城市污泥主要由大量的水、有机絮体及颗粒组成，在剪切力的作用下，絮体及有机大分子之间的胶体力及静电力有助于其立体网络结构的重建，而液相动力作用有助于保持絮体结构的破碎，维持流体的流动状态，但是污泥结构的破坏和重建并不是瞬时的过程。

图 7-8 为原污泥及热水解污泥在突变剪切速率下黏度的相对变化率，其中黏度相对变化率由式(7-7) 计算。热水解污泥黏度变化速率下降，表明热水解使得污泥处于更加稳定的状态。当剪切速率从 $0.1s^{-1}$ 增加到 $1s^{-1}$，原污泥的黏度（120g/L）和热水解污泥（187g/L）分别下降了 86.8％ 和 74.5％；当剪切速率达到 $10s^{-1}$ 时分别下降了 97.4％ 和 94.5％。结果表明，两种不同污泥的絮体结构基本在初始剪切时均被破坏。触变性的存在是由于污泥中大量纤维絮体结构的存在，热水解预处理破坏了污泥原来的絮体结构，细胞破壁、蛋白质、脂类、多糖等物质水解，因此污泥的内部结构遭到

破坏，污泥絮体内部结合强度降低，减小了污泥的触变性。但与其他系统相比热水解污泥的触变性依然很高，热水解污泥依然存在较强的内部结构。

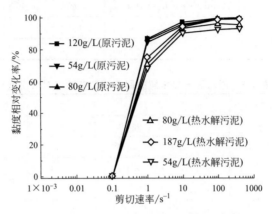

图 7-8 原污泥及热水解污泥在突变剪切速率下的黏度相对变化率

$$R_V = \frac{\mu_0 - \mu_e}{\mu_0} \qquad (7-7)$$

式中 R_V——黏度的相对变化率，%；

μ_0——初始黏度，mPa·s。

图 7-9 为不同浓度原污泥及热水解污泥在恒定剪切速率 $100s^{-1}$ 下黏度

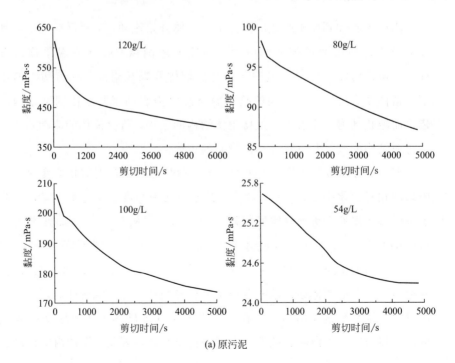

(a) 原污泥

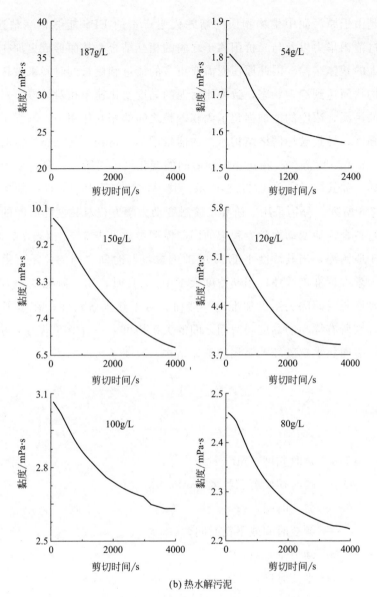

(b) 热水解污泥

图 7-9 不同浓度原污泥及热水解污泥在恒定剪切速率

$100s^{-1}$ 下黏度随时间的变化关系

随时间的变化关系。在剪切力的作用下，污泥的絮体结构被逐渐破坏，因此黏度随剪切时间的延长而逐渐减少。随着污泥浓度的增加，达到平衡状态所需时间延长。

与原污泥相比，热水解污泥能够在较短时间内达到平衡状态，120g/L 的原污泥和热水解污泥达到平衡状态所需要的时间分别为 6000s 和 4000s。

这是由于原污泥中生物物质的新陈代谢产生的 EPS 能够相互粘连在一起，通过范德华力以及与二价阳离子之间的相互结合，从而形成更加完整且强度更大的絮体结构。因此原污泥需要更多的能量和更长的时间来破坏这种网络结构从而达到稳定状态，致使原污泥的黏度变化速率相对较慢。对于两种不同的污泥，浓度的增加强化了固相颗粒之间的相互作用力，增强了污泥系统的强度，导致破坏网络结构所需的能量增加，达到平衡状态所需时间延长。

Labanda 等[6,7] 指出黏度随时间的变化可由一阶或二阶触变动力学方程描述，如式(7-8) 和式(7-9) 所示，其中，触变动力学方程中的各参数值如表 7-6 所列。分别采用一阶和二阶触变动力学方程对黏度随时间的变化关系进行拟合，触变动力学方程中的回归模型参数见表 7-7。由表 7-7 可以看出，对于原污泥，当其浓度小于 100g/L 时黏度与时间之间的关系可由一阶触变动力学方程准确描述；当其浓度大于 100g/L 时，用二阶触变动力学方程描述黏度与时间的关系更加准确。然而，对于热水解污泥，在本书研究范围内，其所有样品的黏度与时间之间的关系均可由一阶触变动力学方程准确描述，表明热水解破坏了污泥的絮体结构，改变了污泥的本质。

$$\mu = a \times \exp\left(-\frac{t}{t_s}\right) + b \tag{7-8}$$

$$\mu = \mu_e + \frac{\mu_s - \mu_e}{1 + K_1(\mu_s - \mu_e)} \tag{7-9}$$

式中　μ——瞬时黏度，mPa·s；

　μ_s——瞬时初始剪切黏度，mPa·s；

　t——剪切时间，s；

　t_s——触变时间或平衡时间，s；

　K_1——动力学常数；

　μ_e——平衡黏度，mPa·s。

表 7-6　触变动力学方程中的各参数值

污泥种类	热水解污泥						原污泥			
浓度/(g/L)	187	150	120	100	80	54	120	100	80	54
μ_s/mPa·s	39	9.8	5.4	3.07	2.46	1.81	615.3	206.4	98.4	25.6
μ_e/mPa·s	20	6.7	3.84	2.63	2.23	1.57	400.3	173.2	87.2	24.3
t_s/s	4000	3000	2400	1800	2300	2280	6000	4800	4800	4800
$\frac{\mu - \mu_e}{t_s}$/%	0.48	0.10	0.06	0.024	0.01	0.01	3.58	0.69	0.23	0.03

表 7-7   触变动力学方程中的回归模型参数

污泥种类		热水解污泥						原污泥			
浓度/(g/L)		187	150	120	100	80	54	120	100	80	54
式(7-8)	R^2	0.91	0.997	0.979	0.998	0.982	0.92	0.80	0.95	0.99	0.99
	a	8.91	5.34	3.22	2.57	2.16	1.4	293	155	81.2	23.5
	b	26.2	4.66	2.18	0.53	0.31	0.38	248	46.6	16.4	2.18
式(7-9)	R^2	0.91	0.82	0.82	0.85	无效	无效	0.97	0.92	无效	无效
	K_1	9×10^{-5}	3×10^{-4}	0.001	0.003			8×10^{-6}	3×10^{-5}		

另外,原污泥黏度的降低程度大于热水解污泥,黏度的相对变化率如图 7-10 所示,表明热水解污泥的触变性较弱。

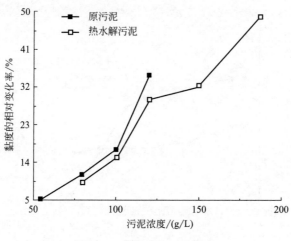

图 7-10   黏度的相对变化率

7.4.3 热水解污泥的黏弹性

7.4.3.1 浓度对污泥黏弹性的影响

污泥的黏弹性分为线性黏弹性和非线性黏弹性两类。图 7-11 为不同浓度的原污泥在固定频率 1Hz,测试温度 20℃下进行应力扫描得到的应变-模量曲线。测试结果表明,当应变小于 30% 时储能模量和黏性模量基本恒定,此区域为污泥的线性黏弹性区域。在线性黏弹性区域内,污泥的储能模量远远大于损耗模量 $G' > G''$,表明在线性黏弹性区域内污泥主要表现为弹性特性,呈现固体特征。

从图 7-11 可以看出,随着污泥浓度的增加,污泥的固相特性逐渐增强,

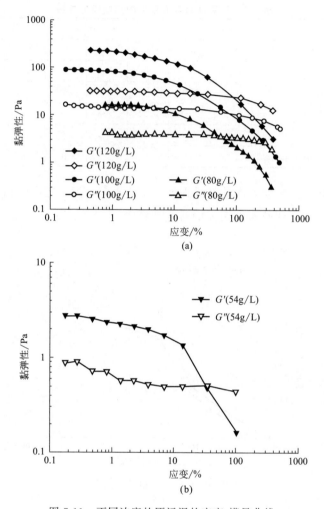

图 7-11　不同浓度的原污泥的应变-模量曲线

当浓度从 54g/L 增加到 120g/L 时，G' 从 2.8Pa 增加到 228.9Pa，且随着的浓度增加，污泥的线性黏弹性区域逐渐扩大，临界剪切应变（$G'=G''$时的剪切应变）从 35％（54g/L）增至 115％（120g/L），这表明随着污泥浓度的增加污泥的凝胶特性逐渐增强。

图 7-12 为不同浓度的热水解污泥在固定频率 1Hz，测试温度 20℃下的应力扫描得到的应变-模量曲线。浓度为 187g/L 的热水解污泥，其储能模量（17Pa）远远低于浓度为 120g/L 的原污泥。与原污泥相比热水解污泥絮体结构储存能量的能力相对较低，且临界剪切应变值小于 3％，表明热水解后污泥的线性黏弹性区域显著缩小。另外，从图 7-12（b）可以看出，当热水

解污泥浓度低于 80g/L 时，在线性黏弹性区域内，其储能模量小于黏性模量，即此时热水解污泥主要表现为黏性特性，可见热水解预处理导致污泥的黏弹性显著降低。

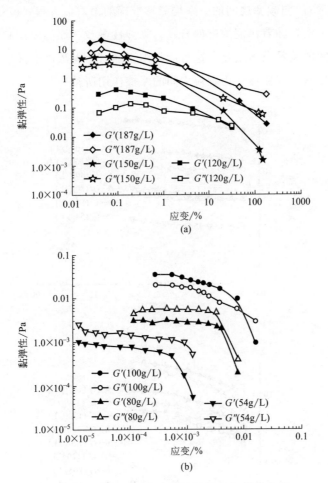

图 7-12 不同浓度的热水解污泥的应变-模量曲线

图 7-13 分别为不同浓度的原污泥和热水解污泥在线性黏弹性区域内的频率扫描实验结果，频率范围为 0.02～2Hz。分别采用对数方程式(7-10)和指数方程式(7-11) 对黏弹性参数 (G' 和 G'') 与频率之间的关系进行拟合，原污泥和热水解污泥回归模型参数见表 7-8 和表 7-9。由表 7-8 可以看出，对于原污泥，当固相浓度大于 80g/L 时，储能模量 G'、黏性模量 G'' 与频率 f 之间的关系可分别由对数方程式(7-10) 和指数方程式(7-11) 表示；当原污泥固相浓度为 54g/L 时，储能模量 G' 与频率之间的关系不再满足对

数方程式(7-10)，而是满足指数方程式(7-11)，这与 Chen 等[8] 的研究结论一致。由表 7-9 可以看出，对于不同浓度的热水解污泥，每个回归模型的决定系数均高于 0.97（浓度 120g/L 热水解污泥除外），表明其储能模量 G' 及黏性模量 G'' 与频率之间的关系均能够准确的由对数方程式(7-10) 描述。分析结果表明，随着污泥浓度的升高，黏弹性参数（储能模量和黏性模量）与频率之间的关系发生变化，这可能是由于随着污泥浓度的增加，颗粒之间的相互作用从相互碰撞变为颗粒之间的摩擦作用所致。

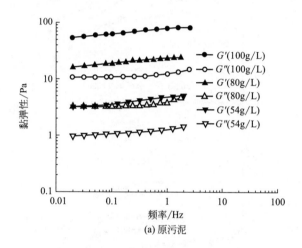

(a) 原污泥

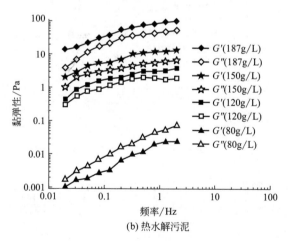

(b) 热水解污泥

图 7-13　污泥的频率扫描实验结果

$$G' = a + b\ln(f) \tag{7-10}$$

$$G'' = a + bf^n \tag{7-11}$$

式中　G'——储能模量，Pa；

G''——黏性模量，Pa；

f——频率，Hz；

a，b——模型参数。

表 7-8 原污泥回归模型参数

	$G',G''=a+b\ln(f)$ $G',G''=a+bf^n$				$G',G''=a+bf^n$	
污泥浓度	100g/L		80g/L		54g/L	
变量	G'	G''	G'	G''	G'	G''
R^2	0.995	0.992	0.998	0.974	0.989	0.996
a	78.56	10.73	23.29	3.07	1.62	0.857
b	6.50	1.65	1.85	0.64	2.90	0.64
n	—	0.994	—	1.30	0.20	0.44

表 7-9 热水解污泥回归模型参数（采用对数方程拟合）

污泥浓度	187g/L		150g/L		120g/L	
变量	G'	G''	G'	G''	G'	G''
R^2	0.980	0.985	0.970	0.991	0.990	0.871
a	87.09	42.72	11.96	5.82	3.22	1.87
b	20.55	10.19	2.58	1.16	0.68	0.36

7.4.3.2 工艺温度对污泥黏弹性的影响

图 7-14 为线性黏弹性区域内，不同浓度原污泥的黏弹性与工艺温度的关系。

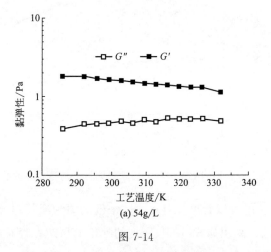

(a) 54g/L

图 7-14

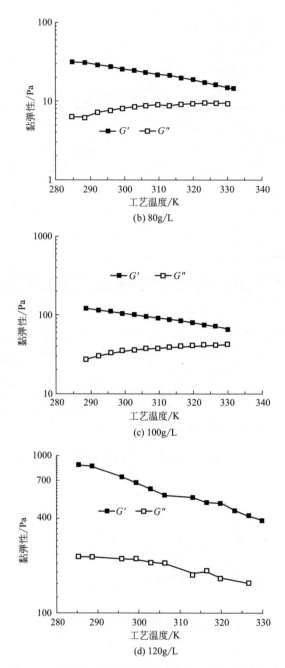

图 7-14　不同浓度原污泥的黏弹性与工艺温度的关系

从图 7-14 中可以看出，对于不同浓度的原污泥其 G' 均随工艺温度的升高而逐渐降低。采用如式(7-5) 所列的阿伦尼乌斯方程对黏弹性与工艺温度之间的关系进行拟合，拟合结果列于表 7-10。可以看出，阿伦尼乌斯方程能够准确描述工艺温度与储能模量之间的关系（决定系数 R^2 均大于 0.96），当浓度大于 80g/L 时，损耗模量与工艺温度之间的关系亦可由该方程表示，与 Baudez 等[9] 的研究结论一致。

表 7-10 不同浓度原污泥黏弹性参数与工艺温度回归模型参数（阿伦乌斯方程）

黏弹性参数 浓度/(g/L)	G'			G''		
	R^2	A/Pa	E_a/(kJ/mol)	R^2	A/Pa	E_a/(kJ/mol)
54	0.967	0.08	7.41	0.65	2.11	−38.11
80	0.985	0.17	12.46	0.85	117.2	−6.74
100	0.991	1.31	10.92	0.90	614.8	−7.19
120	0.986	2.44	14.01	0.84	12.66	6.99

线性黏弹性区域内，不同浓度热水解污泥的黏弹性与工艺温度的关系见图 7-15。随着工艺温度的升高，储能模量和损耗模量均呈现下降趋势，对于

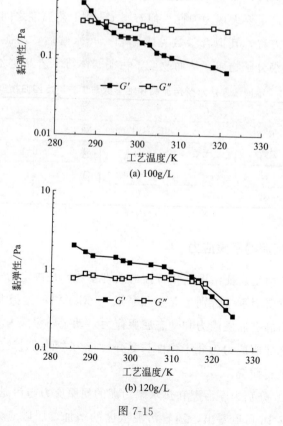

(a) 100g/L

(b) 120g/L

图 7-15

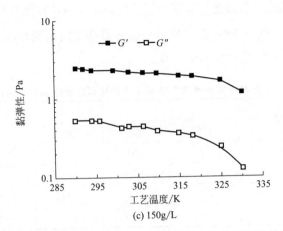

图 7-15　不同浓度热水解污泥的黏弹性与工艺温度的关系

浓度为 100g/L 的热水解污泥，当工艺温度达到 292K（19℃）时，$G' < G''$；对于浓度为 120g/L 的热水解污泥，从 $G' > G''$ 到 $G' < G''$ 的转变温度升高到 317K（44℃）；而 150g/L 的热水解污泥，在 287～330K（14～57℃）的温度范围内，主要表现为弹性。但 G'、G'' 与工艺温度之间的关联不再符合阿伦尼乌斯方程，其拟合参数见表 7-11。热水解后，污泥中的有机物大分子已水解成小分子物质，从而改变了污泥絮体与工艺温度之间的关系。

表 7-11　不同浓度热水解污泥黏弹性参数与工艺温度回归模型参数

参数 浓度/(g/L)	G'			G''		
	R^2	A/Pa	E_a/(kJ/mol)	R^2	A/Pa	E_a/(kJ/mol)
100	无效	无效	无效	0.7	0.7	5.57
120	0.89	243.7	25.9	0.33	0.08	5.78
150	0.82	1741.5	9.56	0.85	0.0004	18.00

7.4.4　热水解污泥的屈服应力

屈服应力是表征污泥固相特性的关键参数，是决定污水处理各种最佳操作条件的重要因素（特别是混合和泵送）。对于污泥这类非牛顿流体，屈服应力可分为静态屈服应力和动态屈服应力，动态屈服应力为开始流动的最小应力；静态屈服应力为介于弹性与黏弹性行为之间的过渡应力，本书对动态屈服应力进行研究。

图 7-16 分别为原污泥和热水解污泥的屈服应力与污泥浓度之间的关系。由图 7-16 可以看出，随着污泥浓度的增加，屈服应力逐渐增大，当污

泥浓度大于100g/L，屈服应力增长迅速；当污泥浓度达到120g/L时，屈服应力为18.7Pa。屈服应力随浓度的变化呈指数增加。然而，对于热水解污泥，当污泥浓度达到187g/L时屈服应力仅为0.2Pa，屈服应力几乎消失。

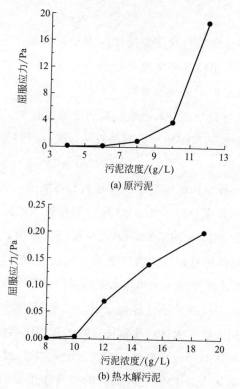

(a) 原污泥

(b) 热水解污泥

图7-16　原污泥和热水解污泥的屈服应力与污泥浓度之间的关系

7.5　污泥絮体的分形特性

Sanin等[10]的研究指出流体的非牛顿流体行为主要源于样品的胶体性质而非悬浮液的分子特性。分形维数作为描述絮体颗粒不规则特性结构的参数，可以用来描述絮体的复杂结构。Shih等[11]提出了胶体结构质量分形维数的计算方法，刘贺等[12]对其进行了详细的阐释，指出胶体体系的弹性常数、临界形变与浓度之间的关系，可根据凝胶絮体链内部交联的强度与链间交联强度进行对比划分为强链接区域（链之间的链接强度＞链内部的强度）和弱链接区域（链之间的链接强度＜链内部的强度）两个凝胶体系。

凝胶结构的流变学特性参数和污泥浓度之间的关系，可由下列方程表示[11~14]：

强链接体系模型：　　　　　$G \propto \phi^{(d+x)/(d-d_f)}$　　　　　　　　　　　(7-12)

$$\gamma_0 \propto \phi^{-(1+x)/(d-d_f)} \qquad (7\text{-}13)$$

弱链接体系模型：　　　　　$G \propto \phi^{1/(d-d_f)}$　　　　　　　　　　　　(7-14)

$$\gamma_0 \propto \phi^{1/(d-d_f)} \qquad (7\text{-}15)$$

式中　G——弹性常数包括储能模量 G' 和极限黏度；

　　　d——欧几里得分形维数（$d=3$）；

　　　d_f——絮体的质量分形维数；

　　　x——絮链骨架的分形维数，与污泥浓度有关，$1.0 < x < 1.3$[11]。

通过弹性常数与污泥浓度之间的双对数线性回归分析可确定絮体的质量分形维数。

本书采用凝胶结构的流变学特性参数和污泥浓度之间的关系计算热水解前后污泥絮体的质量分形维数 d_f，原污泥与热水解污泥流变参数与污泥浓度之间关系如图 7-17 和图 7-18 所示。分析结果表明，$\lg\mu$（μ—极限黏度）、$\lg G'$ 与 $\lg\phi$ 之间均具有较好的线性关系，决定系数 $R^2 > 0.95$，利用 $\lg G'$ 与 $\lg\phi$ 之间的关系计算得原污泥和热水解污泥的分形维数分别为 2.82 和 2.88，利用 $\lg\mu$ 与 $\lg\phi$ 之间的关系计算得分别为 2.74 和 2.90。Shih 等[11] 指出质量分形维数是用来描述絮体或聚集体之间的非均质结构特性的参数，分形维数越大，表明絮体的紧密程度越高。原污泥絮体通过污泥中的阳离子、有机微生物与污泥絮体表面 EPS 之间的吸附架桥作用而形成，而热水解预处理破坏了原污泥中的絮体结构，有机物水解导致热水解污泥的粒径下降，颗粒的密实程度增加，因此热水解污泥的分形维数大于原污泥分形维数。

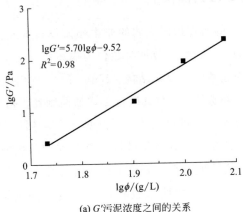

(a) G' 污泥浓度之间的关系

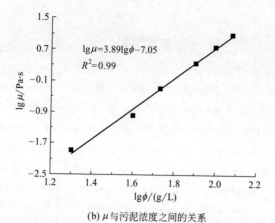

(b) μ 与污泥浓度之间的关系

图 7-17　原污泥流变参数与污泥浓度之间的关系

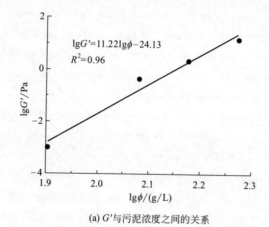

(a) G' 与污泥浓度之间的关系

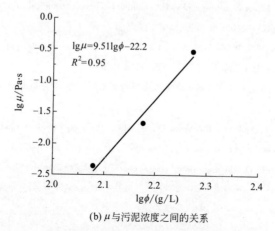

(b) μ 与污泥浓度之间的关系

图 7-18　热水解污泥流变参数与污泥浓度之间的关系

参考文献

[1] Mewis J，Wagner N J. Thixotropy [J]. Advances in Colloid and Interface Science，2009，147-148 (s1)：214-227.

[2] Baroutian S，Eshtiaghi N，Gapes D. Rheology of a primary and secondary sewage sludge mixture：dependency on temperature and solids concentration [J]. Bioresource Technology，2013，140：227-233.

[3] Guibaud G，Dollet P，Tixier N，et al. Characterisation of the evolution of activated sludges using rheologicalmeasurements [J]. Process Biochemistry，2004，39 (11)：1803-1810.

[4] Baudez J C，Ayol A，Coussot P. Practical determination of the rheological behavior of pasty biosolids [J]. Journal of Environment Management，2004，72 (3)：181-188.

[5] Seyssiecq I，Marrot B，Djerroud D，et al. In situ triphasic rheological characterisation of activated sludge，in an aerated bioreactor [J]. Chemical Engineering Journal，2008，142：40-47.

[6] Labanda J，Sabaté J，Llorens J. Rheology changes of Laponite aqueous dispersions due to the addition of sodium polyacrylates of different molecular weights [J]. Colloids and Surfaces A：Physicochemical and Engineering Aspects，2007，301：8-15.

[7] Labanda J，Llorens J. Influence of sodium polyacrylate on the rheology of aqueous Laponite dispersions [J]. Journal of Colloid and Interface Science，2005，289 (1)：86-93.

[8] Chen B H，Lee S J，Lee D J. Rheological characteristics of the cationic polyelectrolyte flocculated wastewater sludge [J]. Water Research，2005，39 (18)：4429-4435.

[9] Baudez J C，Gupta R，Eshtiaghi N，et al. The viscoelastic behaviour of raw and anaerobic digested sludge：strong similarities with soft-glassy materials [J]. Water Research，2013，47 (1)：173-180.

[10] Sanin F D. Effect of solution physical chemistry on the rheological properties of activated sludge [J]. Water SA，2002，28 (2)：207-212.

[11] Shih W H，Shih W Y，Kim S I，et al. Scaling behavior of the elastic properties of colloidal gels [J]. Physical Review，1990，42 (8)：4772-4779.

[12] 刘贺，朱丹实，徐学明，等. 低酯橘皮果胶凝胶的动力学分析及分形研究 [J]. 食品科学，2008，29 (2)：76-81.

[13] Zhong Q X，Daubert C R，Velev O D. Cooling effects on a model rennet casein gel system：Part I rheological characterization [J]. Langmuir，2004，20 (18)：7399-7405.

[14] Mu Y，Yu H Q. Rheological and fractal characteristics of granular sludge in an upflow anaerobic Reactor [J]. Water Research，2006，40 (19)：3596-3602.

第 **8** 章 ▶▶▶▶

污泥资源化利用

　　城市污泥的处理处置是近年来国内外关注的热点问题之一。目前污泥的主要处置方式包括农业利用、焚烧、卫生填埋等。随着技术的发展和观念的进步，污泥逐渐被看作是资源而并非仅仅是污染物，其资源化主要指利用污泥中的有用组分或潜在能量实现再利用。从社会经济发展、资源开发利用和城市生态环境保护等方面考虑，污泥资源化是最理想的处置措施，既满足污泥中资源的有效循环利用，又不会对人类和环境产生有害影响，是城市可持续发展的必然要求和发展趋势。同时，污泥资源化过程应针对不同地区因地制宜选择相应的处理方法，减少对环境的影响，避免形成二次污染。

　　污泥的资源化利用主要包括能源化利用、土地利用、建材利用等。污泥中的有机物（一般质量分数为 $60\%\sim70\%$）含有的大量热值具有能源化利用的潜力；同时污泥中含有植物生长发育所需的氮、磷、钾，以及维持植物正常生长发育的多种微量元素（钙、镁、铜、锌、铁等）和能够改良土壤结构的有机质。除此之外，污泥中还含有 $20\%\sim30\%$ 的无机物，主要为硅、铝、铁、钙等，与许多建筑材料常用的原料成分相近，因此污泥可用于制砖、烧制陶粒及生产水泥。

8.1　污泥能源化利用

　　污泥能源化被认为是有望取代现有污泥处置技术且最有发展前途的方法之一。污泥能源化是指以污泥为原料，通过物理、热化学或生物的方法，生成高品质的能源产物的技术，主要包括污泥消化产气、热解制油、合成燃料等。据预测，在欧洲未来的 10 年里采用燃料化的污泥量将翻一番。由于污泥中含有较高的水分，在污泥能源化过程中，主要的能源消耗在水分的减少上。因此污泥能源化的关键依然是脱水。

表 8-1 为不同国家的污泥干基热值[1]。

表 8-1　不同国家的污泥干基热值

国家	热值范围/(kJ/kg)	均值/(kJ/kg)
中国	5844～19303	11850
泰国	3010～16294	9894
波兰	9196～14329	12624
西班牙	9476～17598	15261
英国	11194～19989	15508
韩国	8360～20214	16264
美国	10993～17372	16490
德国	14994～17991	16992
意大利	9894～20490	17790
日本	15993～20988	19019

8.1.1　污泥热解制油

19 世纪 70 年代的燃料危机使人们开始研究生物质如何向液体燃料转换，而污泥的热解制油技术大部分也基于生物质热解的相关文献。污泥热解是指污泥在无氧或缺氧的状态下通过热化学转化，生产不凝性气体、生物油和固体残渣的过程。目前污泥热解制油主要包括两种方式：一是污泥低温热解制油[2]；二是污泥直接热化学液化制油[3]。新兴的技术有微波热解制油，转酯化制油和超临界热解制油技术等[4~6]。

8.1.1.1　污泥低温热解制油

污泥低温热解制油技术是在无氧条件下，通过加热污泥干燥至一定温度（<500℃），由干馏和热分解作用使污泥转化为油、炭、不凝性气体和反应水四种产物。不凝性气体和焦炭可以用作燃料，油类物质可以用于化工产品的生产。气、液、固组分的比例由温度、停留时间、压力、pH 值等因素决定。

污泥低温热解制油技术的典型工艺流程如图 8-1 所示，典型污泥转化产品见表 8-2[7,8]。

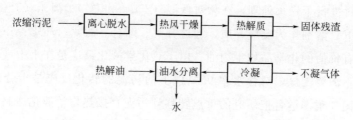

图 8-1 污泥低温热解制油技术的典型工艺流程

表 8-2 典型污泥转化产品

转化产品	生污泥		消化污泥		工业污泥	
	生产量 /%	占污泥能量的比例 /%	生产量 /%	占污泥能量的比例 /%	生产量 /%	占污泥能量的比例 /%
油	30	60	20	50	15～40	50～60
炭	50	32	60	41	30～70	30～40
不凝性气体	10	5	10	6	7～10	3～5
反应水	10	3	10	3	10～15	2～4

目前已开发的污泥热解设备主要有带夹套的外热卧式反应器和流化床热解工艺。近年来出现的用于生物质热解设备如真空移动床、旋转锥及用于快速热解的烧蚀涡流反应器等在污泥热解中的应用还未见报道。现已开发的这些热解设备在实际操作过程都存在某些弊病。例如，卧式搅拌反应器工艺中污泥在低温段热解后容易发生粘壁现象，而且热解油的产率也较低；利用流化床工艺热解，污泥的减量化可达到 55％左右，但热解产物的回收率不太理想[9]。另外，由于剩余活性污泥中蛋白质含量较高，制得的油中氮、氧含量高，黏度大，难以用作高品质的燃油。

然而，污泥低温热解工艺对环境造成二次污染的可能性较小，处理后污泥中的重金属绝大多数进入炭和油中，在以后的使用过程中会被进一步氧化而达到无害化；由于处理温度低、不凝气的产生量少，可减少 SO_2、NO_x、二噁英带来的二次污染；与焚烧技术投资相当或略低，运行成本仅为焚烧法的 30％左右，具有较好的应用前景。

8.1.1.2 污泥热化学液化制油

市政污泥直接热化学液化技术起源于美国，该技术最大的是特点是无需对原料进行干燥预处理，在相对低温（250～400℃）、高压（5～30MPa）的条件下，溶剂作为反应介质，通过分解、缩合、脱氢、环化等一系列反应生产出有价值的化学品如生物油。由于热化学液化反应是在水中进行的，因此原料不需要干燥，对含水率95％以上的污泥的转化反应是十分适合的。因此，国外很多学者把研究的重点转移到污泥直接热化学液化法制油的技术研究上，而国内直接热化学液化法污泥制油的研究刚刚起步。

直接热化学液化技术在木材领域应用较早，而生物质无论污泥还是木材的热解过程是相似的，因此污泥直接热化学处理的典型工艺主要是从木材的工艺中借鉴而发展起来的。运用直接热化学法处理生物质（木材，污泥等）的典型工艺包括：美国 PERC（pittsburgh energy research center）工艺、LBL（lawreme berkeley laboratory）工艺，日本资源环境技术综合研究所的液化工艺，荷兰 Shell 公司的 HTU（hycho thermal upgrading）工艺等[10]。

在传统热解工艺的基础上，近年来又开发了微波热解技术。与传统电加热及燃气加热热解工艺相比，微波热解所用的时间更短，且生成的液态油中含氧脂肪类物质含量较高，经检测油中不含有分子量较大的芳香族有害物质[11]。污泥热解过程中加入钠、钾、钙等的化合物作催化剂后，不仅可以加快污泥中有机物的分解速度，而且可以改善热解油的性能，为后续利用创造条件[12]。

8.1.2 污泥固体燃料

污泥中含有大量的有机物和一定的纤维木质素，经脱水干化后，其热值可以达到褐煤的水平，可作为燃料进行能源化利用，城市污水处理厂污泥与其他燃料热值对比见表 8-3[8]。

表 8-3　城市污水处理厂污泥与其他燃料热值对比

燃料种类	热值/(kJ/kg)
褐煤	24000
木材	19000
焦炭	31500
初沉池污泥	10715～18191.6
二沉池污泥	13295～15248
混合污泥	12005～16956.5

　　污泥作为固体燃料可以采用燃烧或混合燃烧两种方式利用。污泥燃烧的主要目的是在高温下将污泥中的有机物完全氧化形成二氧化碳和水，固相产物为惰性的残渣（炉渣）。混合燃烧技术指利用现有的燃煤锅炉[13]、垃圾焚烧炉等将污泥和煤、市政垃圾等进行混合共燃。将已干化的污泥与煤粉混合燃烧被认为是一种降低传统火力发电厂二氧化碳排放量的方法，同时也可解决污泥处置的问题。但有学者研究表明要慎重考虑将干化市政污泥作为绿色的可替代燃料来使用。煤与污泥混烧产生的气体悬浮物会导致人体急性呼吸道疾病，导致肺部损伤，例如颗粒物中包含有可溶性的过渡金属如铜、铁、镍、锌，这些金属化合物呈酸性，而且粒径非常细（一些颗粒粒径＜0.1μm）。气体悬浮物的这些特性会导致煤粉与生物质（包括干化污泥）混烧，对人体健康不利[14]。

　　污泥燃烧处理的主要设备为流化床[15]。如德国汉堡污水处理厂采用流化床焚烧炉进行污泥焚烧，不需要外加热源，可以为污水厂提供所需电量60％～100％的热量[16]。实际污水处理厂脱水污泥的含水率为75％～85％，这些水分在污泥燃烧过程中转变为蒸气，并以气化潜热的形式带走部分能量。因此，污水处理厂污泥不宜直接焚烧，国内外基本上采取先干化再燃烧的工艺。

　　另外，由于污水污泥的蛋白质含量达22％～37.5％[17]，蛋白质在60℃以上发生变性，而具有黏结性，在成型的过程中起黏结作用[18]。因此，污泥固体可以和粉煤灰、引燃剂、催化剂等及其他添加剂制成成型燃料。污泥成型燃料的最合适的含水率应该在10％～25％。如果要长期保存，则需在成型后降低污泥成型燃料的含水率。污泥存在塑性阶段，最好是先干化后成型。成型燃料成型时采用的成型压力越大，则成型燃料燃烧速度就越慢，成型压力不仅仅要考虑成型后燃料的物理性状，还要考虑成型压力对污泥成型燃料燃烧性能的影响[19]。

8.1.3　污泥气化技术

　　污泥气化是在还原状态下将污泥中含碳组分转化为可燃气体的过程，是近年来新型的污泥资源化技术。气化反应能有效破坏和杀死病原体，污泥中有机成分转化为可燃气体，可用以作为能源来源，剩余部分转化为残渣，减容效果明显。与焚烧相比，污泥气化工艺的二氧化硫、氮氧化物等有害气体的排放量明显降低。根据气化介质的不同，气化反应可简单分为空气气化、

CO_2 气化和水蒸气气化。气化过程分三步：首先，污泥中的水分被干化去除；第二，烘干污泥的热解裂解过程；第三，污泥热解产品（包括可压缩气体、不可压缩气体和焦炭）气化，转化成气体组分。不同的气化介质导致不同的化学反应和气化产物，表 8-4 列出了污泥气化过程中产生气体的典型组分[20]。

表 8-4　污泥气化过程中产生气体的典型组分

气体组分	体积分数/%
CO	6.28～10.77
H_2	8.89～11.17
CH_4	1.26～2.09
C_2H_6	0.15～0.27
C_2H_2	0.62～0.95

空气气化过程中主要发生碳的氧化反应［式(8-1) 和式(8-2)］，氧气的存在极大地加快了气化反应速率，同时氧化反应为放热反应，能为有机物的裂解提供能量[21]。CO_2 气化则是对温室气体 CO_2 进行利用，在高温下将原料中的碳通过边界反应［式(8-3)］转化成 CO 气体[22]。

$$C + O_2 \longrightarrow CO_2 \tag{8-1}$$

$$2C + O_2 \longrightarrow 2CO \tag{8-2}$$

$$C + CO_2 \longrightarrow 2CO \tag{8-3}$$

相较而言，水蒸气气化从反应上来说能提供最高的 H_2 化学计量产量。经过一系列化学反应，包括水气变化反应、甲烷重整反应以及碳氢化合物蒸气重整反应［式(8-4)～式(8-7)］，可燃气产量尤其是 H_2 含量大幅提升[23]。Nipattummakul 等[24] 发现污泥在水蒸气气化过程中，H_2 产量是其在空气气化过程中的 3 倍。水蒸气气化是将固体中的有机物热转化为富 H_2 气体燃料的一种有效途径。

$$CO + H_2O \longrightarrow CO_2 + H_2 \tag{8-4}$$

$$CH_4 + H_2O \longrightarrow CO + 3H_2 \tag{8-5}$$

$$C_xH_y + xH_2O \longrightarrow xCO + (x + y/2)H_2 \tag{8-6}$$

$$C + H_2O \longrightarrow CO + H_2 \tag{8-7}$$

理论上讲，基本所有含水率为 5%～30% 的有机废物都能够被气化。但实际上并非如此。污泥气化的影响因素包括表面特性、粒径、外形、含水率、挥发物、碳含量和反应器类型。可以这样认为，污泥气化的最优目标是高效率生产清洁的可燃气体。

在工业应用中，根据原料的特性、粒径、含水率和灰分等因素的不同，气化炉可分为固定床和流化床两大类；其中，固定床是结构最简单的气化炉，具有气体流速慢、碳转化率高、停留时间长等特点[25]。

在气化过程中，重金属汇集在最终残渣中，导致后续处理困难。因此，明确重金属的迁移及其最终去向至关重要。一般的，气化过程中污泥中重金属聚集在 3 个部位：

① 气化器中的焦炭残渣中；

② 冷凝物中；

③ 炭滤器中。

Marrero 等[26] 研究发现，不同的重金属元素汇集在不同的部位，如镉、锶、铯、钴和锌基本汇集在气化器的焦炭残渣中，铜汇集在冷凝物和炭滤器中，汞汇集在炭滤器中。刘淑静等[27] 指出热解温度分别为 500℃、700℃和 900℃，停留时间 20min 时，重金属的残留率因元素和焚烧温度而异，Cu 的残留率最高在 80% 以上，Cd 的最低，900℃时仅为 3.4%；焚烧残渣中各重金属在稳定态的分布占比均较干污泥中有显著提高。并且污泥焚烧后的各残渣中重金属综合毒性均较干污泥小，且随焚烧温度升高而降低。

8.1.4 污泥湿式氧化

湿式氧化法是在高温（125～320℃）和高压（0.5～20MPa）条件下，以空气中的氧气或适当添加 O_3、H_2O_2 为氧化剂，在液相中将有机污染物分解的化学过程[28]。在此过程中，污泥中有机物质通过热降解、水解和氧化，转化为二氧化碳、水和氮气。由于污泥体系的组成比较复杂，湿式氧化的反应机理也比较复杂，主要包括传质和化学反应这两个过程。通常认为湿式氧化反应属于自由基反应，分为链的引发、链的传递或发展以及链的终止三个阶段[29]。

目前针对城市污泥比较流行的湿式氧化处理方法有传统湿式氧化法、催化湿式氧化、超临界湿式氧化法、亚临界湿式氧化法以及部分湿式氧化法等。多种湿式氧化法优缺点见表 8-5[30]。

表 8-5　多种湿式氧化法的优缺点

方法名称	反应原理	优点	缺点
传统湿式氧化法	高温高压条件下利用空气中的氧使湿污泥中的有机物被氧化分解	处理效率较高，氧化速度较快，而且产生二次污染小，并可回收有用有机物和能量	能耗较高，设备要求耐高温高压，设备较易腐蚀，设备投资及运行成本高，不能直接排水

续表

方法名称	反应原理	优点	缺点
部分湿式氧化法	在较低的温度、压强下进行湿式氧化,从有机质或者COD去除的角度进行判断。主要是稳定蛋白质保留腐化有机物,而不是全部氧化	反应温度和反应压力较低,反应釜造价较低;氧化程度要求较低。因此氧化剂用量低;产物污泥的过滤比阻小;产物无毒无害、无恶臭味,可作为土壤改良剂或堆肥原料等	不能将有机物彻底去除
催化湿式氧化法	提高污泥的氧化性,降低反应所需要温度、压强等,缩短反应时间	反应速度更快,反应设备相对简单	催化剂流失,引起二次污染,处理成本较高
超临界湿式氧化法	利用超临界水与其中的有机物发生剧烈的氧化反应。有机物最后被氧化成无毒的小分子化合物的过程	效率高、处理彻底、反应速度快、反应容器小、无二次污染。而且当有机物含量大于2%时可完全自热,无需外加热	反应条件较为苛刻,设备投资巨大,并且还需进一步研究其反应机理和反应动力学
亚临界湿式氧化法	水温度低于其临界温度,保持在 $100 \sim 374℃$ 范围内,对有机物进行氧化	反应时间短,可以对污泥进行改性、除臭、脱毒、降污。提高污泥产品的肥效和作用	不能将有机物彻底分解去除

8.2　污泥土地利用

城市污泥含有丰富的氮、磷和有机质,也含有钾、钙、铁、硫、镁及锌、铜、锰、硼、铝等微量元素。因此,城市污泥可以作为良好的有机肥源,供给植物养分,其土地利用主要包括农田、林地垦荒、育苗、观赏植物、草皮、草地、公园、高速公路绿化带等方面的应用,以及在尾矿堆、采石场、露天矿坑、固定海滩等的土壤修复利用。污泥土地利用投资少,能耗低,运行费用低,是一种积极的、可持续的污泥最终处置模式[31]。

污泥土地利用按施用类型可分为浓缩污泥或脱水污泥直接施用,经稳定化、无害化处理后施用或将其与无机肥复合造粒制成污泥复合肥后施用三类。稳定化、无害化处理手段包括碱性稳定、巴氏消毒、射线辐射、热处理、发酵或热干化等。出于对二次污染的防范,将浓缩污泥和脱水污泥直接施用于土地的方式已越来越少。

8.2.1　污泥的农田利用

城市污泥的氮、磷、钾含量高,平均可达 $48.3g/kg$,与纯猪粪和猪厩肥相比，全氮含量高 31% 和 188%，全磷含量高 59% 和 204%，钾的含量相对较低，比纯猪粪和猪厩肥分别低 38% 和 62%。城市污泥中有机质含量丰富，能改良土壤结构，在一定范围内土壤结构系数、孔隙率、透水率和持水量均随污泥施用量的增大而增大，土壤容重和表土抗剪力则随之减小。此外，污泥在增加土壤有机质和矿质养料同时，土壤中的微生物数量和活性也有显著提高，从而提高土壤酶活性，促进土壤中的生物化学过程[32]。

国外将污泥及其堆肥作为肥源农用已有多年的历史。美国早在 1927 年就在威斯康星州密尔沃基市，将污水处理厂污泥经热干化处理并与无机肥复合后命名为"Milorganite"的产品投放市场，到 1983 年已有 65 家这样的工厂。同时，美国专门制定了污泥土地利用法规（Act503）[33]。日本则制定了大区域污泥处理处置和资源化利用的 ACE 计划，即农用（agriculture）-建材利用（construction Use）-能源回收（energy recovery），将污泥土地利用列为首选[34]。有资料表明，截至 1999 年，欧盟对污泥的处置超过 1/3 为农用（不包括林业和复垦利用）。我国污泥的农业利用也开始较早，如 1961 年北京高碑店污水处理厂的污泥被当地农民用于土地[35]。20 世纪 80 年代，天津纪庄子污水处理厂的污泥由附近郊区农民用于农田。

为控制重金属污染的毒副作用，需要对农用的污泥及其施用条件加以限制。目前，我国城市污泥的土地利用率较低（<10%），仍无大规模的农业利用，一般仅限于盆栽试验[36]。

8.2.2 污泥的林地、绿化地利用

将污泥用在农地上，存在有害物质进入作物食物链的风险，如果应用在园林绿化与生态恢复上就能避免食物链污染风险，是极有前景的污泥土地利用途径。研究表明，施用城市污泥能显著促进松树和火炬松生长，同时也促进了林中的灌木和草层植被的生长[37]。美国在 20 世纪 60 年代初的研究指出，施用污泥 1 年后供试的树木在树高和胸径的生长上随施用量的增加而增加。美国的森林覆盖率约 40%，广大林地具有施用污泥的极大可能性，许多地方用污泥罐车把液体污泥运至林地进行喷施[38,39]。

另外，污泥的施加对黑麦草、紫羊茅、无芒雀麦、马尼拉草和白三叶等的盖度、密度和生物量均有显著影响，无芒雀麦总根量连续 3 年都增加[40~42]。施用 5%~10% 污泥堆肥后，草坪草叶片叶绿素含量均显著

增加，且随着用量的增加而增加，这对提高草坪草的成坪性与观赏价值极为有利[43]。因此，城市污泥在草坪草生产和草地方面的应用亦应受到重视。

8.2.3　污泥用作容器育苗的栽培基质

容器育苗是一种行之有效的新技术。早在 20 世纪 30 年代，国外已开始以泥炭土作为容器育苗基质进行试验和应用；近些年来把堆肥污泥用作林木容器育苗基质的研究业已开展[44~47]。污泥堆肥化后的产品为棕黑色、具有土壤气味、疏松的生物固体，其理化、生物学性状等同甚至优于泥炭土。其用作育苗的栽培基质，既避开了食物链，防止其潜在危害，又可充分利用其所含有的营养养分、改良土壤性能，适用于大批量的工厂化育苗。

8.2.4　污泥用于退化土地的修复

在矿山以及其他工程方面，如道路边坡等，由于缺乏土壤或土壤贫瘠，立地条件差，在进行生态恢复时一般需要大量客土，有些项目直接挖取耕地土壤，对周边土壤资源造成破坏。将污泥应用在生态恢复中，可部分解决客土来源不足问题。用污泥对干旱、半干旱地区的贫瘠土壤进行改良也有良好的效果。污泥对于防止土壤沙化、整治沙丘及被二氧化硫破坏地区的植被恢复均为一种优质材料。将污泥和粉煤灰、水库淤积物以一定比例联合施用，可以改善土壤的保温、保湿、透气的性质，同时污泥中的有机营养物强化了废弃物组合体的微生物作用，使整个土壤加速腐殖化，以达到增加土壤有机质含量的作用。

我国城镇污水处理厂污泥处置泥质系列标准主要包括《城镇污水处理厂污泥处置　农用泥质》（CJ/T 309—2009）、《城镇污水处理厂污泥处置　土地改良用泥质》（GB/T 24600—2009）、《城镇污水处理厂污泥处置　混合填埋用泥质》（GB/T 23485—2009）和《城镇污水处理厂污泥处置　园林绿化用泥质》（GB/T 23486—2009）。泥质系列标准的颁布实施，使得对污泥的土地利用进行有效管理成为可能，进而促进其健康发展。

表 8-6 列出了污泥土地利用泥质标准中对各泥质标准、施用周期、最大施用量、允许施用作物等的规定。

表 8-6 污泥土地利用泥质标准

控制项目		《城市污水处理厂污泥处置 园林绿化用泥质》(GB/T 23486—2009)		《城镇污水处理厂污泥处置 土地改良用泥质》(GB/T 24600—2009)		《城镇污水处理厂处置 农用泥质》(CJ/T 309—2009)		《农用污泥中污染控制标准》(GB 4284—2018)	
		酸性土壤	碱性土壤	酸性土壤	碱性土壤	A级污泥	B级污泥	酸性土壤	碱性土壤
		pH<6.5	pH≥6.5	pH<6.5	pH≥6.5			pH<6.5	pH≥6.5
理化指标	外观	比较疏松		泥饼型感官		无粒度>5mm的金属、玻璃、陶瓷、塑料、瓦片等有害物质,杂质含量≤3%		—	
	粒径/mm	—		—		≤10		—	
	pH 值	5.5~8.5	5.5~7.8	6.5~10		5.5~9			
	含水率/%	≤40		≤65		≤60			
	臭度(6级臭度)	无明显臭味		<2级		—			
营养指标	总养分(TN+P_2O_5+K_2O)/%	≥3		≥1		≥3			
	有机物含量/%	≥25		≥10		≥20			
卫生防疫安全指标	粪大肠菌群值	≥0.01		≥0.01		≥0.01			
	细菌总数/(MPN/kgDS)	—		<1×10^8					
	蠕虫卵死亡率/%	≥95		≥95		≥95		—	
种子发芽指数/%		>60		—		—			
污泥施用频率/[kgDS/(hm²·a)]		—		≤30000		≤7500		≤2000	
连续施用时间/年		—		—		≤10		≤20	
安全指标[污染物浓度限值/(mg/kgDS)]	总镉	<5	<20	<5	<20	<3	<15	<5	<20
	总汞	<5	<15	<5	<15	<3	<15	<5	<15
	总铅	<300	<1000	<300	<1000	<300	<1000	<300	<1000
	总铬	<600	<1000	<600	<1000	<500	<1000	<600	<1000
	总砷	<75		<75		<30	<75	<75	
	总镍	<100	<200	<100	<200	<100	<200	<100	<200
	总锌	<2000	<4000	<2000	<4000	<1500	<3000	<500	<1000

续表

控制项目		《城市污水处理厂污泥处置 园林绿化用泥质》(GB/T 23486—2009)		《城镇污水处理厂污泥处置 土地改良用泥质》(GB/T 24600—2009)		《城镇污水处理厂处置 农用泥质》(CJ/T 309—2009)		《农用污泥中污染控制标准》(GB 4284—2018)	
		酸性土壤	碱性土壤	酸性土壤	碱性土壤	A级污泥	B级污泥	酸性土壤	碱性土壤
		pH<6.5	pH≥6.5	pH<6.5	pH≥6.5			pH<6.5	pH≥6.5
安全指标[污染物浓度限值/(mg/kgDS)]	总铜	<800	<1500	<800	<1500	<500	<1500	<250	<500
	总硼	<150		<100	<150			<150	
	矿物油	<3000		<3000		<500	<300	<3000	
	苯并[a]芘	<3		<3		<2	<3	<3	
	多环芳烃(PAHs)	—		—		<5	<6	—	
	多氯代二苯并二噁英/多氯代二苯并呋喃[PCDD/PCDF/(ng毒性单位/kgDS)]	<100		<100		—		—	
	可吸附有机卤化物(AOX)(以Cl⁻计)	<500		<500		—		—	
	多氯联苯(PCB)	<0.2		<0.2		—		—	
	二噁英	—		<100		—		—	
	挥发酚	—		<40		—		—	
	总氰化物	—		<10		—		—	

8.3 污泥建材利用

污泥中除有机物外，主要为硅、铝质无机物，与建筑材料常用的黏土原料组分相近，因此污泥可建材利用，主要包括制砖、烧制陶粒及生产水泥。目前，污泥建材化利用可直接利用脱水污泥（含水率80%左右），也可利用干化后的污泥，此外还能利用污泥焚烧后的灰渣。显然，直接利用脱水污泥是最佳途径，而后两种方式需要经过高成本的前处理，因此只能作为污泥处置的备选手段。

8.3.1　污泥制砖

污泥中的无机成分与制砖黏土较为相近，且颗粒很细。因此，可以考虑将污泥进行适当前处理代替部分黏土用作制砖原料。有机物中微生物形成的菌胶团与其吸附的有机物和无机物，形成了一个稳定的胶体分散系统，具有很好的黏结性，能够提高制砖泥料的可塑性，提高泥料中黏土颗粒的结合能力和流动能力，还可提高砖坯的干强度，降低干燥损坏率。此外，由于城市污泥中有机物所占比例较大，有一定的燃烧热值，用于制砖，可减少不必要的能源消耗[48]。

现有污泥制烧结砖主要有两种工艺——干化污泥直接制砖以及采用污泥焚烧灰制砖，常规流程如图 8-2 所示[49]。以干污泥为掺料制备烧结砖时，由于其中有机质含量过高，应适当控制污泥掺量，过高时会大大降低污泥砖的力学性能，其最佳用量约为 10%～20%，通过高温焙烧可将其中病原菌全部杀灭，重金属得到有效固结。采用焚烧污泥灰制砖，由于焚烧过程可将有机质完全分解，因此最大允许掺量远高于干污泥（最佳用量可达 50%），焚烧处理同时也可实现污泥的无害化与减量化。

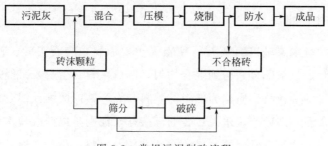

图 8-2　常规污泥制砖流程

西方国家常采用污泥焚烧灰制砖，制坯时加入适量黏土与砂，最适宜的配料比（质量比）约为焚烧灰∶黏土∶硅砂＝100∶50∶15。我国则倾向采用干化污泥制砖，充分利用污泥中有机质的发热量，降低烧砖能耗。目前与污泥混合制砖的原料主要有黏土、页岩、煤矸石、粉煤灰、黄金尾矿、硬质钢渣、河沙、建筑垃圾等[49]。

8.3.2　污泥烧制陶粒

陶粒就是陶质的颗粒，又称人造石子，是以粉煤灰或其他固体废弃物为主要原料，加入一定量的黏土等胶结剂，用水调和后，经造粒成球，利用烧结机或其他焙烧设备焙烧而制成的人造轻集料。传统陶粒是以黏土和页岩烧结而成的，需要大量开采优质黏土和页岩矿山，加大了环境负担。

城市污泥和污泥灰与黏土的成分相似，可以用作制备普通陶粒的材料。以城市污水厂污泥为主要原料，加以一定量的辅料和外加剂，经过脱碳和烧胀制成具有一定强度的轻质陶粒，可以大量地消耗脱水污泥，不但处理成本大大低于焚烧法，而且可以避免污泥二次污染，尤其符合中国固废处理的无害化、减量化和资源化原则，具有广阔的发展前景。回转窑法污泥制陶粒的工艺流程如图 8-3 所示[50,51]。污泥所制轻质陶粒一般可做路基材料、混凝土集料或花卉覆盖材料使用，也可作为污水处理厂快速滤池的滤料代替常用的硅砂、无烟煤，效果良好。

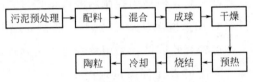

图 8-3　回转窑法污泥制陶粒的工艺流程

8.3.3　污泥生产水泥

硅酸盐水泥是以石灰石、黏土为主要原料，与石英砂、铁粉等少量辅料，按一定数量配合并磨细混合均匀，制成生料。生料入窑经高温煅烧，冷却后制得的颗粒状物质称为熟料。熟料与石膏共同磨细并混合均匀，就制成纯熟料水泥，即硅酸盐水泥。普通硅酸盐水泥则是以硅酸盐水泥熟料、少量混合材料、适量石膏磨细制成的水硬性胶凝材料，称为普通硅酸盐水泥，简称普通水泥[52]。

污泥灰分高，其化学特性与水泥生产所用的原料基本相似，将污泥干化和研磨后添加适量石灰即可制成水泥。此外，水泥窑具有燃烧炉温高和处理物料量大等特点。利用水泥回转窑处理城市污泥，不仅具有焚烧法的减容、减量化特性，且燃烧后的残渣成为水泥熟料的一部分，不需要对焚烧灰进行处理（填埋），是一种两全其美的水泥生产途径。在污泥生产水泥的流程中，污泥是否适合用于水泥生产取决于其 P_2O_5 的含量，P_2O_5 的最大含量为 0.4%。因此，有学者建议水泥窑中污泥投加的比例不应超过 5%。同时，投加污泥后，水泥窑应控制有害物质的产生，尤其是燃烧后气体中的成分应满足相应的环境标准。

图 8-4 所示为污泥用于水泥生产的流程[49]。

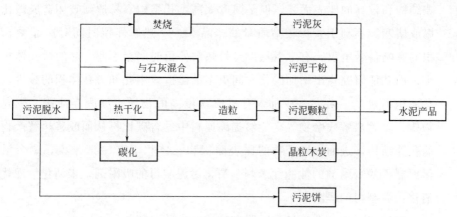

图 8-4 污泥生产水泥的流程

8.4 污泥制取吸附剂

8.4.1 污泥制取吸附剂方法

活性炭是一种具有高度发达孔隙结构和极大比表面积的多孔炭材料。活性炭作为一种吸附催化材料，对气体、溶液中的有机或无机物质以及胶体颗粒等有很强的吸附能力，具有足够的化学稳定性和机械强度，以及耐酸、耐碱、耐热，不溶于水和有机溶剂，易再生等优点，已在石油、化工、食品、轻工、国防、环境保护等诸多领域得到广泛应用。

活性污泥的组成可用分子式 $C_5H_7NO_2$ 表示，其理论含碳量为 53%，客观上具备了制备活性炭的条件。在一定的高温下以污泥为原料，通过改性可以制得含炭吸附剂。由污泥制成的活性炭吸附剂对 COD 及某些重金属离子有很高的去除率，是一种优良的有机废水处理剂。用过的吸附剂若不能再生，可以用作燃料，在控制尾气条件下进行燃烧。目前国内外关于利用于污泥制备吸附剂的方法主要包括碳化法、物理活化法和化学活化法[53]。

碳化法指将干污泥置于高温炉中在惰性气体下对原料进行加热，经后续处理成为污泥基吸附剂。其作用机理为将原料分解析出 H_2O、CO、CO_2 及 H_2 等挥发性气体，使原材料分解成微晶体组成的碎片，并重新集合成稳定的结构[8]。热解温度、热解停留时间和原污泥类型是影响吸附剂孔隙结构和表面化学性质的主要因素。污泥基吸附剂性能参数大致为：比表面积 15～

$275m^2/g$，总孔体积 $0.015\sim0.158cm^3/g$，微孔体积 $0.001\sim0.313cm^3/g$[54]。

热解温度越高，原料中更多的有机质得到分解，能够形成较为发达的孔隙结构和较高的比表面积，但是温度太高，孔结构容易遭到破坏造成微孔坍塌或堵塞，不利于获得较高质量的产品[55,56]。热解停留时间对产品微孔体积的影响备受争议，有学者指出延长热解停留时间会引起产品的微孔体积减小；而其他研究指出增加碳化时间更多的是造成中孔和大孔体积的减少，微孔体积不变[57]。在污泥中加入有机质含量高的物质，如废弃油渣、废弃生物质、轮胎热解残余物等，能够提高原料中的含碳比例从而改善热解产物中的孔隙结构，进而提高产物的比表面积和孔体积[58]。一般来说，剩余活性污泥制得的吸附剂的性能优于剩余消化污泥制得的吸附剂，未消化污泥优于消化污泥制得的吸附剂。

然而，目前商业活性炭吸附剂的比表面积一般为 $200\sim2000m^2/g$，总孔体积为 $0.1\sim1cm^3/g$[59]，污泥基吸附剂的性能参数与之相比还有不少差距，因此在进行吸附前往往需对污泥基吸附剂采取进一步的活化处理。

物理活化一般包括两步：第一步，较低温度下（$400\sim700℃$）在氮气或氩气状态下碳化，用来破坏碳原子之间的交联状态；第二步，高温状态（$800\sim1200℃$）在活化气体氛围中形成具有发达孔隙结构的污泥碳材料。常见的活化气体有 O_2、CO_2、水蒸气和空气等，其中应用最多的是 CO_2 和水蒸气。较低温度下水蒸气活化最为有效，但当温度高于 $800℃$ 时 CO_2 活化则更有优势[60,61]。

化学活化则是在活化过程中添加一些活化剂促使反应发生，提升孔隙结构。常见的活化剂有 KOH、$ZnCl_2$、$Fe(NO_3)_3$ 等[62]。研究指出化学活化法得到的污泥基吸附剂其比表面积高达 $1882m^2/g$[63,64]。与物理活化法相比，化学活化法具有热解温度低，形成的产物比表面积高、孔隙结构发达的优点，因此受到更多的关注。但化学活化也存在药剂成本昂贵，设备腐蚀严重，后续处理工艺复杂等缺点。

8.4.2 污泥制取吸附剂流程

不论采取物理活化或化学活化方法制备吸附剂，其主要流程大致如下：

① 剩余污泥在 $105℃$ 左右脱水干燥 $24\sim36h$；

② 机械粉碎；

③ 筛滤成大小为 $0.2\sim0.6mm$ 的颗粒；

④ 活化处理经过筛分的干污泥颗粒;

⑤ 活化处理后的污泥在 105℃左右干燥 24～36h;

⑥ 污泥用研钵磨碎成粉末状,为了促进在热解过程中微孔的形成,建议在空气中放置 24h 左右,充分接触光和湿气;

⑦ 在惰性环境下热解;

⑧ 用 1～3mol/L 的盐酸和蒸馏水依次洗涤去除杂质后,经烘干、磨碎后储存备用。

在上述流程中,活化方法的选择是影响吸附剂效果的主要因素。

目前,污泥基吸附剂的应用已很广泛,不仅常用于水处理吸附去除重金属离子、有机污染物和染料水脱色,还可用于有害气体的处理,且处理效果都十分显著,是代替商业活性炭的一种廉价吸附剂。针对不同的污泥、所制吸附剂的不同用途,可相应采用不同的制取方法[65]。由于受污泥含碳量的限制,污泥制得的活性炭质量远不及传统商业活性炭,同时受到重金属的影响,其应用场合也受限。但污泥活性炭因价格低廉、含碳率高、材料易得、原料充足且绿色无毒日益受到青睐。尤其在处理有机废水及气体净化场合,使用污泥活性炭比传统活性炭更为经济。另外,采用不同添加剂来提高污泥中的含碳量并控制污泥中重金属的含量能大大提高污泥活性炭的质量并拓宽其使用范围。

8.5 污泥资源化利用技术选择标准

污泥的处理和利用应同时考虑环境、经济、社会三方面的因素。污泥作为一种有价值的资源,进行稳定化、无害化处理后再利用,有利于可持续发展。在推广污泥资源化利用技术的同时,应建立健全相关法律、法规,划分污泥种类进行施用地分区,发展和制定配套的环境监测方法和制度。

为选择合理的污泥资源化利用方案,不仅应从方案的优缺点方面着手,另外,还应从占地面积、技术可行性、经济等方面分析。一般可以考虑以下几个方面[8]。

(1) 符合国家有关法规

我国对农田污泥颁发了《农用污泥中污染物控制标准》(GB 4284—2018)。凡用于农田的污泥,需达到此规定。另外,建议相关部门尽快建立健全污泥资源化利用的相关法律、法规、政策和标准等。

（2）污泥成分指标

主要包括消化后污泥有机物含量，氮（以 N 计）、磷（以 P_2O_5 计）、钾（以 K_2O 计）和微量元素的含量，特别要控制重金属含量（以汞、铅、铬、砷、硼、碳、铜、锌、镍计）。根据成分、含量的具体情况，选择适合的资源化利用方案。

（3）卫生状况指标

主要包括污泥中蛔虫卵、致病菌数量、有毒物质等指标。需要考虑对人群健康的影响，从是否需要杀菌消毒、能否用于与人群接触的环境等，进行资源化利用方案选择。

（4）投资费用指标

主要从占地面积、是否需要前处理、运输及部分场地租赁费、运行费用、经济收益大小、生态效益大小等方面比选出合理合适的方案。

8.6 污泥资源化的驱动力及限制因素

污泥处理处置的投资和运行费用巨大，我国污泥处置的基建投资约占污水处理厂总投资的 30%～50%，运行费约占污水处理厂总运行费的 20%～50%，而经济发达国家污泥处置的基建投资占污水处理厂总投资的 50%～70%。因此从成本上分析，污泥已经成为直接影响污水处理厂正常运行的限制性因素。寻求经济有效的污泥处理利用技术具有重要的现实意义。

污泥资源化技术发展存在两大基本驱动力：一是国家环境标准越来越严格，对污泥排放的约束不断提高，致使必须寻找合适的污泥出路；二是污泥后期处置造成污水处理厂运行成本居高不下，运营商迫切需求从污泥资源上获取二次利润，以减少总的运行开支。降低污泥处理成本的有效手段之一是通过适当资源化处理使其获得附加经济效益，降低污水处理总成本；此过程的直接环境效益是避免了污泥二次污染。可以说，污泥资源化处理是未来污泥处理的主流发展方向[66]。

参考文献

[1] 蔡璐，陈同斌，高定，等.中国大中型城市的城市污泥热值分析 [J].中国给排水，2010，26（15）：106-108.

[2] 何晶晶，顾国维，邵立明.污水污泥低温热解处理技术研究 [J].中国环境科学，1996，16（4）：

254-257.

[3] Yokoyama S，Suzuki A. Oil production from sewage sludge by direct thermochemical liquefaction [J]. Trends in Physical Chemistry，2003，1（3）：157-165.

[4] Lin Q，Chen G，Liu Y. Scale-up of microwave heating process for the production of bio-oil from sewage sludge [J]. Journal of Analytical and Applied Pyrolysis，2012，94（5）：114-119.

[5] Emmanuel R. Biodiesel from activated sludge through in situ transesterification [J]. Journal of Analytical and Applied Pyrolysis，2012，94（5）：114-449.

[6] Wang Y，Chen G，Li Y，et al. Experimental study of the bio-oil production from sewage sludge by supercritical conversion process [J]. Waste Management，2013，33（11）：2048-2415.

[7] 杜桂月. 城市污水污泥超临界水热解制油实验研究 [D]. 天津：天津大学，2015.

[8] 李鸿江，顾莹莹，赵由才. 污泥资源化利用技术 [M]. 北京：冶金工业出版社，2010.

[9] 李海英. 生物污泥热解资源化技术研究 [D]. 天津：天津大学，2006.

[10] 李桂菊，王子曦，赵茹玉. 直接热化学液化法污泥制油技术研究进展 [J]. 天津科技大学学报，2009，24（2）：74-78.

[11] Domınguez A，Menendez J A，Inguanzo M，et al. Gas chromatographic-mass spectrometric study of the oil fractions produced by microwave-assisted pyrolysis of different sewage sludges [J]. Journal of Chromatography A，2003，1012（2）：193-206 .

[12] Shie J L，Lin J P，Chang C Y，et al. Pyrolysis of oil sludge with additives of sodium and potassium compounds [J]. Resources Conservation and Recycling，2003，39（1）：51-64.

[13] Kim J K，Lee H D. Combustion possibility of dry sewage sludge used as blended fuel in anthracite-fired power plant [J]. Journal of Chemical Engineering of Japan，2011，44（8）：561-571.

[14] 肖智华. 污泥与木屑混合型燃料燃烧的二次污染物排放规律 [D]. 长沙：湖南大学，2016.

[15] 章嵘，费征云. 杭州七格污水处理厂污泥处置及示范工程 [J]. 中国给水排水，2011，27（18）：79-82.

[16] 卢志，张毅，Hanssen，等. 德国汉堡污水处理厂污泥循环处理模式探讨 [J]. 中国给水排水，2007，23（10）：105-108.

[17] 胡光塆，洪云希. 城市污泥合成燃料的应用研究 [J]. 中国给水排水，1996，12（2）：13-16.

[18] 盛奎川，蒋成球，钟建立. 生物质压缩成型燃料技术研究综述 [J]. 能源工程，1996，3：8-11.

[19] 王吉华，陈小娟，孙军. 污泥成型燃料燃烧速率与灰熔点实验研究 [J]. 木材加工机械，2012，23（4）：25-28.

[20] 乔芳清，申春苗，杨明沁，等. 污水污泥气化技术的研究进展 [J]. 广州化工，2014，42（6）：31-33.

[21] Chen G，Guo X，Cheng Z，et al. Air gasification of biogas-derived digestate in a down draft fixed bed gasifier [J]. Waste Management，2017（69）：162-169.

[22] Li G，Li A，Zhang H，et al. Theoretical study of the CO formation mechanism in the CO_2 gasification of lignite [J]. Fuel，2018，211：353-362.

[23] Parthasarathy P，Narayanan K S. Hydrogen production from steam gasification of biomass：in-

fluence of process parameters on hydrogen yield-a review [J]. Renewable Energy, 2014, 66 (3): 570-579.

[24] Nipattummakul N, Ahmed I I, Kerdsuwan S, et al. Hydrogen and syngas production from sewage sludge via steam gasification [J]. International Journal of Hydrogen Energy, 2010, 35 (21): 11738-11745.

[25] Beohara H, Guptaa B, Sethib V K, et al. Parametric study of fixed bed biomass gasifier: A review [J]. International Journal of Thermal Technologies, 2012 (2): 134-140.

[26] Marrero T W, Mcauley B P, Sutterlin W R, et al. Fate of heavy metals and radioactive metals in gasification of sewage sludge [J]. Waste Management, 2004, 24 (2): 193-198.

[27] 刘淑静, 李爱民, 袁维波. 温度对污泥焚烧残渣中重金属形态分布及残渣综合毒性的影响 [J]. 安全与环境学报, 2008, 8 (1): 43-47.

[28] 石璐, 唐受印. 湿式氧化法的工艺及应用进展 [J]. 湘潭大学社会科学学报, 2002, 26 (zl): 199-200.

[29] Li L, Chen P, Earnest F. Generalized Kinetic model for wet oxidation of organic compounds [J]. AICHE Journal, 1991, 37 (11): 1678-1697.

[30] 徐岩. 湿式氧化法在处理城市污泥中的应用 [D]. 大连: 辽宁师范大学, 2014.

[31] 李淑更. 脱水污泥的土地资源化利用及其环境效应的试验研究 [D]. 广州: 华南理工大学, 2009.

[32] 刘学娅, 赵亚洲, 冷平生. 城市污泥的土地利用及其环境影响研究进展 [J]. 农学学报, 2018, 8 (6): 21-27.

[33] McGrath S P, Chang A C, Page A L. Land application of sewage sludge: scientific perspectives of heavy metal loading limits in Europe and the United States [J]. Environment Research, 1994, 2: 108-118.

[34] 王化信. 关于污泥还田的问题 [J]. 国外环境科学技术, 1985, 5: 63-73.

[35] 北京东南郊环境污染调查及防治途径研究协作组. 北京东南郊环境污染调查防治途径研究报告集. 1976-1979 [R]. 北京, 1980.

[36] 莫测辉, 蔡全英, 吴启堂. 微生物方法降低城市污泥的重金属含量研究进展 [J]. 应用与环境生物学报, 2001, 7 (5): 511-515.

[37] 冷平生. 城市污泥在园林绿地上的利用 [J]. 北京园林, 1996, 2: 25-28.

[38] Krogmann U, Boyles L S, William J B. Biosolids and sludge management [J]. Water Environmental Research, 1989, 71 (5): 692-714.

[39] Schulz R, Romheld V. Recycling of municipal and industrial organic wastes in agriculture [J]. Soil Science and Plant Nutrition, 1997, 43: 1051-1056.

[40] 赵莉, 李艳霞, 陈同斌, 等. 城市污泥专用复合肥在草皮生产中的应用 [J]. 植物营养与肥料学报, 2002, 8 (4): 501-503.

[41] 周志宇, 付华, 张洪荣, 等. 施用污泥对无芒雀麦生育的影响 [J]. 草地学报, 2000, 8 (2): 144-149.

［42］付华，周志宇，张洪荣，等.施用污泥对黑麦草生育及其元素含量的影响［J］.草地学报，2002，10（3）：167-172.

［43］杨玉荣，魏静，李倩茹.城市污泥堆肥后用作草坪基质的可行性研究［J］.河北农业科学，2009，13（11）：39-40.

［44］Tinus R W，Mc Donald S E. How to grow tree seedling in containers in greenhouse［R］.USDA Forest Service，General technical report，1979.

［45］Kenneth C S. Use of sewage sludge compost in the production of ornamental plants［J］.Hortscience，1980，15（2）：173-176.

［46］Inbar Y，Chen Y，Hadar Y. New approaches to compost maturity［J］.Biocycle，1990，31（12）：64-69.

［47］Hoitink H A，Poole H A. Factors affecting quality of composts for utilization in container media［J］.Hortscience，1980，15（2）：171-173.

［48］马雯.污水处理厂污泥在建材用砖中的应用研究［D］.杨凌：西北农林科技大学，2011.

［49］涂兴宇，朱南文，袁海平.污泥建材利用途径与评价［J］.净水技术，2014，33（4）：30-35.

［50］朱盛胜，陈宁，李剑华.城市污泥处置技术及资源化技术的应用进展［J］.广东化工，2018，24：28-32.

［51］裴会芳，张长森，陈景华.城市污泥/煤矸石制备多孔陶粒的试验研究［J］.中国陶瓷，2015，51（3）：72-77.

［52］周玲，廖传华.污泥建材化利用的现状［J］.中国化工装备，2019，3-6.

［53］张亚迪，张盼月，彭剑锋.污泥基吸附剂制备及在污水处理中应用研究进展［J］.水处理技术，2018，44：6-14.

［54］Xu G，Yang X，Spinosa L. Development of sludge-based adsorbents：preparation，characterization，utilization and its feasibility assessment［J］.Journal of Environmental Management，2015，151：221-232.

［55］Menéndez A，Fidalgo J M，Guerrero F，et al. Characterization and pyrolysis behaviour of different paper mill waste materials［J］.Journal of Analytical & Applied Pyrolysis，2009，86（1）：66-73.

［56］Menéndez A，Barriga S，Fidalgo J M，et al. Adsorbent materials from paper industry waste materials and their use in Cu（Ⅱ）removal from water［J］.Journal of Hazardous Materials，2009，165（1/3）：736-743.

［57］Sánchez M E，Menéndez J A，Domínguez A，et al. Effect of pyrolysis temperature on the composition of the oils obtained from sewage sludge［J］.Biomass & Bioenergy，2009，33（6-7）：933-940.

［58］Kante K，Qiu J，Zhao Z，et al. Development of surface porosity and catalytic activity in metal sludge/waste oil derived adsorbents：Effect of heat treatment［J］.Chemical Engineering Journal，2008，138（1）：155-165.

［59］Liu J，Jiang X，Zhou L，et al. Pyrolysis treatment of oil sludge and model-free kinetics analysis

［J］. Journal of Hazardous Materials，2009，161（2-3）：1208-1215.

［60］ Alvarez J，Lopez G，Amutio M，et al. Preparation of adsorbents from sewage sludge pyrolytic char by carbon dioxide activation［J］. Process Safety & Environmental Protection，2016，103：76-86.

［61］ Ncibi M C，Jeannerose V，Mahjoub B，et al. Preparation and characterisation of raw chars and physically activated carbons derived from marine Posidonia oceanica（L.）fibres［J］. Journal of Hazardous Materials，2009，165（1-3）：240-249.

［62］ Smith K M，Fowler G D，Pullket S，et al. Sewage sludge-based adsorbents：A review of their production，properties and use in water treatment applications［J］. Water Research，2009，43（10）：2569-2594.

［63］ Lillo-Ródenas M A，Ros A，Fuente E，et al. Further insights into the activation process of sewage sludge-based precursors by alkaline hydroxides［J］. Chemical Engineering Journal，2008，142（2）：168-174.

［64］ Tsai J H，Chiang H M，Huang G Y，et al. Adsorption characteristics of acetone，chloroform and acetonitrile on sludge-derived adsorbent，commercial granular activated carbon and activated carbon fibers［J］. Journal of Hazardous Materials，2008，154（1）：1183-1191.

［65］ 魏先勋，翟云波，曾光明，等. 城市污水处理厂污泥资源化利用技术进展［J］. 环境污染治理技术与设备，2003，4（10）：11-13.

［66］ 朱盛胜，陈宁，李剑华. 城市污泥处置技术及资源化技术的应用进展［J］. 环境污染治理技术与设备，2018，24（45）：28-41.

第 **9** 章 ▶▶▶▶

总结与展望

9.1 本书的主要内容及成果

随着城市和工业的发展，城市污水污泥急剧增加，环境危害日益受到重视。由于污泥中含有大量的细菌、微生物、无机粒子以及大量的结合水，其特殊本质决定了污泥很难脱水，脱水后滤饼的固含量仅为 20％左右。然而，我国关于污泥不同处置方式的标准均要求污泥脱水后滤饼固相质量含量大于40％，因此脱水成为污泥处理处置过程中的主要瓶颈。基于环保与经济并重的理念，如何最大程度提高污泥的处理能力、降低滤饼含水率以满足污泥后续的处理处置要求，是目前亟待解决的问题，亦是编写本书的主要目的。

笔者综述了污泥的预处理技术；介绍了污泥物性测试方法；针对化学絮凝剂单独调理污泥和复合调理污泥的强化脱水技术分别展开研究；分析了热水解预处理改善污泥脱水的机理；阐述了热水解预处理污泥的流变行为；并对污泥的资源化利用进行了总结。本书主要成果如下：

1）选用化学絮凝剂 PAC、FC 和 CPAM 对城市污泥进行单独调理，并对经单独调理的城市污泥进行了间歇过滤脱水研究。指出：絮凝剂改变了污泥的理化特性；絮凝调理改变了科泽尼常数，有机絮凝剂调理污泥的科泽尼常数较无机絮凝剂的大，表明其特性越偏离于坚硬的无机颗粒，进而揭示了絮凝调理改善污泥过滤脱水性能的机理；提高过滤压力对改善过滤速率影响较小，工程实践采取较高的压力通常以延长过滤时间为代价。

2）选用化学絮凝剂 PAC 和 CaO 对城市污泥进行复合调理，对经复合调理的城市污泥的过滤压榨脱水过程进行了研究，提出了评价污泥过滤特性的参数。建立了 PAC 剂量、CaO 剂量、过滤压力和压榨压力与滤饼固含量、净固产量等评价指标之间的模型方程。

① 针对化学絮凝调理污泥的过滤压榨脱水过程，提出了 8 个参数作为过滤压榨脱水特性的评价指标。基于均匀试验设计，以絮凝调理剂（PAC 和 CaO）剂量、压榨压力和进料压力为独立变量，建立了与滤饼固含量、净固产量等评价指标之间的模型方程。

② CaO 剂量对城市污泥脱水过程中的过滤速率，滤饼固含量、净固相产量等各项评价指标均有最显著的影响。PAC 对滤饼固相含量的影响甚微，过滤阶段、压榨阶段以及整个脱水过程的最佳 PAC 剂量一致，因此，确定最佳的 PAC 剂量时仅需考虑过滤阶段。最佳的 PAC 剂量约为 10%（PAC 的质量与污泥干固相的质量比）。过滤压力对过滤速率、滤饼固含量以及净固相产量等均无显著影响，但实际生产过程中为增加总进料量，仍需要较高的过滤压力；较高的压榨压力仅有利于获得更干的滤饼和较高的压榨速率，当压榨压力增加到 3.5MPa 时，压榨速率的增加变缓。当 PAC 添加量为 10%，悬浮液浓度增至 7% 时，批处理量最高；最佳的滤室厚度为 35mm。

③ PAC 和 CaO 的复合调理提高了滤饼的渗透性，降低了滤饼的弹性和黏性，显著地提高了滤饼中颗粒的蠕变能力。同时由于复合化学絮凝剂削弱了固相颗粒表面与水的结合强度，提高了毛细水和结合水的去除速率，有利于污泥的压榨脱水。

3）基于流变理论，对机械脱水后的城市污泥开展了热水解实验，得到了不同热水解温度下污泥的流变性方程。

热水解温度对污泥物理特性的影响显著。污泥的结合水含量、颗粒粒径随热水解温度的升高逐渐降低。120℃的热水解温度是污泥物理特性显著变化的起始温度，当温度超过 170℃后其物理特性变化减缓。

热水解温度对污泥流变性的影响结果表明，随着热水解温度的升高，污泥黏度逐渐下降，非牛顿流体特性逐渐减弱，当热水解温度达到 120℃时，浓度为 10%的热水解污泥可由牛顿流体模型准确表示。随着热水解温度的升高，污泥的弹性模量显著降低，固相特性逐渐减弱。当热水解温度超过 150℃时，固相的弹性模量和黏性模量基本保持不变。

170℃热水解污泥的流变分析表明，当污泥固相浓度小于 150g/L 时，其剪切应力与剪切速率之间的关系可由牛顿流体模型表示；热水解污泥黏度与浓度之间、黏度与温度之间的关系分别满足指数方程和阿伦尼乌斯方程；黏弹特性参数与频率之间的关系可由对数方程描述；热水解污泥的触变性即黏度随时间的变化关系符合一阶触变动力学模型。

4）基于过滤压榨理论，研究了热水解温度对污泥特性的影响，确定了热水解预处理的温度门槛值，揭示了热水解污泥的过滤压榨脱水机理。

热水解预处理能够降低污泥结合水的含量和污泥固相中有机物的含量，进而影响污泥的脱水性能。针对本书研究的污泥，热水解污泥脱水特性转变温度下门槛值为 120℃，上门槛值为 170℃。

过滤阶段，热水解污泥颗粒的软度下降，压缩系数降低，从 1.1 降至 0.7，有助于在过滤过程中形成较高渗透率的滤饼，减小了过滤阻力，提高了污泥的过滤性能；在压榨阶段，热水解预处理减弱了第三压榨阶段的作用，显著提高了压榨脱水效率。

对热水解污泥压榨脱水阶段的机理研究表明，热水解预处理减小了污泥颗粒粒径，使得过滤过程中形成的滤饼结构更加紧凑，因此主压榨阶段的贡献减小；热水解预处理降低了污泥的黏弹性有利于滤饼内颗粒的蠕变变形，蠕变参数增加近 12 倍，使得第二压榨阶段的作用增加；热水解预处理降低了污泥结合水含量，削弱了第三压榨阶段的作用。较高的压榨压力有利于滤饼内颗粒的蠕变变形，有利于压榨脱水。

本书是以城市污泥为基础进行研究而得出的上述研究成果，对于具有与城市污泥相似特性（包括有机物含量、蛋白质含量、多糖含量等）的污泥，上述成果亦可推广使用。

9.2 本书存在的不足

限于笔者的研究水平和时间，本书仅介绍了污泥预处理中的化学絮凝预处理和热水解预处理，而化学预处理、超声预处理、微波预处理等与热水解的联合作用对污泥过滤压榨脱水过程的影响并未展开说明；同时本书在以下研究方面有待于进一步完善。

① 在热水解污泥的流变性研究及压榨脱水研究内容中指出，污泥的黏弹特性与污泥的压榨脱水特性有关，然而笔者并未说明二者之间的关联。因此如何将流变参数（黏弹特性）与污泥过滤压榨脱水特性相关联，可否将污泥流变参数作为污泥脱水性能的评价指标是本书的不足之处，同时也是一个值得深入研究的课题。

② 热水解导致污泥细胞的破碎，有机物的溶出，因此该过程必定会有可回收利用的气体产生，然而本书并未对该部分内容进行说明，在一定程度

上限制了其工业应用。

9.3 城市污泥强化脱水发展方向

污泥众多的处理处置方式均对污泥含水率提出了较高的要求，即含水率至少达到60%以下。经过不断发展，污泥脱水已经摆脱了早期的自然干化，在理论及技术上都取得了较大的进步。但仍然存在不足，目前污泥强化脱水的主要发展趋势可归结为以下几类。

① 无论选取何种脱水技术和设备，污泥脱水的目的是实现污泥的减量化，其本质是通过特定的脱水设备实现固-液分离，在高含水率的浓缩污泥上施加作用力场以得到低含水率的目标污泥。脱水过程的理论核心是施加的作用力场之间以及作用力场与污泥之间的相互作用，其技术核心是合理高效的脱水设备。然而目前的研究多集中在污泥脱水理论和实验研究方面，而对脱水设备研发的重视程度不足。所以污泥高效脱水设备的开发是污泥强化脱水的主要发展方向。

② 热水解是目前物理预处理的最有效方式，但热水解的能耗太高，在确保污泥脱水效率的同时，将多种预处理方式联合使用以降低能耗是目前污泥预处理技术的主要发展方向。

③ 由于成本、施工等因素的制约，污水处理厂的污泥脱水实践严重落后于理论研究，依然存在"重水轻泥"、脱水效率低等问题。从而导致许多新型污泥脱水技术沦为空谈，因此利用低成本、广泛运用的技术实现城市污泥的高效脱水将是污泥脱水减量的有效方式，而如何实现新型技术的产业化将成为未来污泥脱水研究的重中之重。